潜物志

著作权合同登记号　图字：01-2019-6205

图书在版编目（CIP）数据

澳亚潜水者：鲨鱼狂欢 / 新加坡亚洲地理杂志编；冯齐，谭紫萦译 . — 北京：北京科学技术出版社，2019.12

（潜物志）

书名原文：ScubaDiver oceanplanet

ISBN 978-7-5714-0478-9

Ⅰ . ①澳… Ⅱ . ①新… ②冯… ③谭… Ⅲ . ①潜水—基本知识 Ⅳ . ① P754.3

中国版本图书馆 CIP 数据核字（2019）第 212205 号

澳亚潜水者：鲨鱼狂欢（潜物志）

作　　者：新加坡亚洲地理杂志
译　　者：冯　齐　谭紫萦
策划编辑：李　玥
责任编辑：朱　琳　杨晓静
责任印制：张　良
图文制作：天露霖文化
出 版 人：曾庆宇
出版发行：北京科学技术出版社
社　　址：北京西直门南大街 16 号
邮　　编：100035
电话传真：0086-10-66135495（总编室）
　　　　　0086-10-66113227（发行部）
　　　　　0086-10-66161952（发行部传真）
网　　址：www.bkydw.cn
电子信箱：bjkj@bjkjpress.com
经　　销：新华书店
印　　刷：北京捷迅佳彩印刷有限公司
开　　本：889mm×1194mm　1/16
印　　张：8
版　　次：2019 年 12 月第 1 版
印　　次：2019 年 12 月第 1 次印刷
ISBN 978-7-5714-0478-9 / P · 053

定价：49.00 元

SCUBADIVER 潜物志

澳亚潜水者

新加坡亚洲地理杂志◎编

冯 齐 谭紫萦◎译

CELEBRATING SHARKS

鲨 鱼 狂 欢

北京科学技术出版社

目　录

封面
一条低鳍真鲨
贴近沙质海底游动。
金塔纳罗州，墨西哥
（Quintana Roo,
Mexico）

摄影：克里斯蒂安·维兹莱
（Christian Vizl）

摄影：阿曼达·科顿（Amanda Cotton）

总编寄语

现在是宣扬鲨鱼重要性的最好时机。

世界自然保护联盟将至少 11 个物种列为"极危"物种、15 个物种列为"濒危"物种、48 个物种列为"易危"物种、67 个物种列为"近危"物种，我们没有时间可以浪费了。

当鲨鱼保护组织和积极分子不辞辛苦地保护鲨鱼时，我们选择以这样一本书为这些奇妙的海洋生物宣扬——宣扬它们的美丽、力量和它们所要宣告的主权。我们希望通过这样的方式，让人们进一步摆脱对鲨鱼的毫无根据的刻板印象。

在书中，你会遇到最小的、最凶猛的、最友好的或者最稀有的鲨鱼。从令人敬畏的噬人鲨到可爱的角鲨，本书展示了一组组来自全球最有才华的水下摄影师的照片。他们怀着愿鲨鱼得到保护的愿景走到了一起。

俗话说，一图胜千言。这些照片证明了鲨鱼的本性——温和、好奇心强、无攻击性。它们需要我们，我们也需要它们。如果没有鲨鱼，海洋生态系统将失衡：食物链将被破坏，珊瑚礁"居民"将减少，海洋生物的栖息地将受到威胁。

但是我相信，如果我们同心协力，定能扭转人们对鲨鱼造成的伤害。请加入我们，与我们一同欣赏鲨鱼的神奇之处。你也可以通过阅读本书学习摄影技术来提高鲨鱼摄影水平，并与周围的人分享你的想法。

只有世界看到我们所看到的，鲨鱼才有一线生机。

贾宁·洛

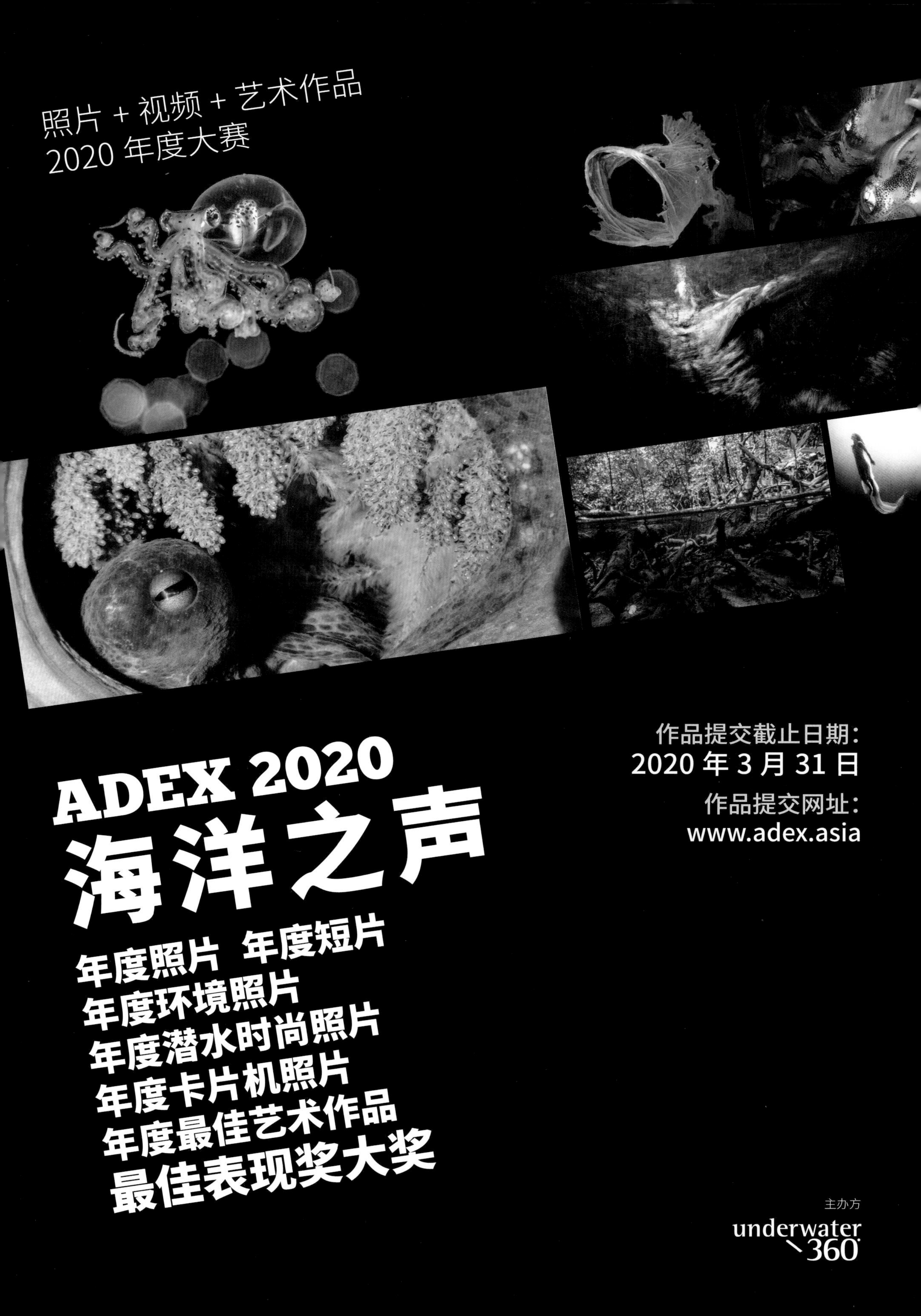

照片 + 视频 + 艺术作品
2020 年度大赛

作品提交截止日期：
2020 年 3 月 31 日

作品提交网址：
www.adex.asia

ADEX 2020
海洋之声

年度照片　年度短片
年度环境照片
年度潜水时尚照片
年度卡片机照片
年度最佳艺术作品
最佳表现奖大奖

主办方

underwater
〵360

卷首语

亚历克斯·马斯塔德（Alex Mustard）

　　我出生于 1975 年，就是电影《大白鲨》创下全球票房纪录的那一年。在这部电影中，鲨鱼被刻画成嗜血的魔鬼，而当时这种无稽之谈深入人心。翻阅本书你会发现，撰稿人的经历与电影中展现出来的恰恰相反，他们在水下与鲨鱼近距离接触上千小时而毫发无损。作为熟悉鲨鱼习性的潜水者和专业摄影师，他们有责任向大众普及有关鲨鱼的正确认识。现在，人们的想法总算慢慢开始改变了。3 年前有段视频很火，记录的是在科德角半岛（Cape Cod）的沙滩上，游客帮助一条搁浅的大白鲨（学名：噬人鲨）回到海里的场景。巧合的是，科德角半岛正是当年电影《大白鲨》的拍摄地，这多么令人不可思议。

　　鲨鱼处于海洋食物链的顶端，从生物学角度来看，它们像人类一样，生长过程比较长，需要很多年才能性成熟，并且繁殖的后代数量不多。但是它们却被过度捕捞，繁殖速度根本不及工业捕捞的速度。其实在 20 世纪 80 年代早期，鲨鱼并不是捕鱼业的目标。可是一转眼，情况就变了。30 多年间，全球被捕捞的鲨鱼每年有 1 亿条左右，这相当于整个菲律宾的人口数量（下次你到菲律宾首都、菲律宾第一大城市马尼拉的时候可以直观感受一下这个数字）。这个数字大到我无法想象，这意味着鲨鱼正在快速消失，拯救鲨鱼的行动刻不容缓。

　　我第一次与大型鲨鱼的相遇，是在红海的珊瑚礁附近，那时我遇到了一条长鳍真鲨。这种喜欢投机取巧的食腐动物常年生活在热带外海，但它们偶尔也会游到珊瑚礁附近，"检阅"闯入自己地盘的生物。与鲨鱼擦身而过，这足以让潜水者肾上腺素飙升。长鳍真鲨曾经很常见，一度被公认为地球上数量最多的大型摄食者。我这里说的"曾经"并非前工业时代，而是我们所处的时代。现在，99% 的长鳍真鲨已被捕杀，潜水者和水下摄影师很难再看到它们了。

　　如今我们看到的海洋，里面几乎没什么鲨鱼，很难称得上是真正的海洋。

≪**上图**

　　一条镰状真鲨久久地徜徉在古巴王后花园群岛（Jardines de la Reina）附近的海域中。这里是加勒比地区相当原始的珊瑚礁集中地。

摄影：亚历克斯·马斯塔德（Alex Mustard）

如今我们看到的海洋，里面几乎没什么鲨鱼，很难称得上是真正的海洋。

亚历克斯·马斯塔德
（Alex Mustard）

> 海洋中如果没有了鲨鱼，海洋食物链将被破坏，海洋生态系统将无法正常运转。
>
> 亚历克斯·马斯塔德
> （Alex Mustard）

对死去的长鳍真鲨来说，它的价值主要体现在鳍上，它的鳍大约可以卖到100美元。而如果它是活的，那么价值要高出很多。从这方面来说，一些小国家在鲨鱼保护方面的做法处于世界领先水平。帕劳是太平洋上一个被潜水者视若瑰宝的地方。据估计，鲨鱼每年大约可以为帕劳带来1,800万美元的经济收入，每条鲨鱼一生产生的价值高达200万美元。像帕劳和巴哈马这样的国家已经在海域上设立了鲨鱼保护区。作为潜水者和水下摄影师，我们可以通过观赏鲨鱼、享受与鲨鱼的每一次相遇、支持这些保护鲨鱼的国家来帮助鲨鱼。

鲨鱼作为海洋食物链顶端的捕食者，是海洋生态系统的重要组成部分。海洋中如果没有了鲨鱼，海洋食物链将被破坏，海洋生态系统将无法正常运转。这不仅关系到海洋及其中的"居民"，而且关系到地球这个海洋星球上的所有生命，尤其是我们人类。地球表面的72%是海洋，大片的蓝色海洋不仅仅为潜水者提供享乐之处，更肩负着调节全球气候、为数十亿人口提供食物、吸纳人类丢弃的废品以及为人类的每一次呼吸提供氧气的使命。健康的海洋能让整个世界变得更美好。

"鲨鱼正从海洋中消失"是我们这一代人面临的一个特殊问题。作为潜水者和水下摄影师，成为鲨鱼的朋友是我们的责任和义务，因为现在它们急切地需要我们这些朋友。

亚历克斯·马斯塔德

《 **左上图**
在巴哈马，一位水下摄影师正在拍摄一条无沟双髻鲨。这里已被列为鲨鱼保护区。

《 **左下图**
面对闯入自己领地的潜水者，这条长鳍真鲨好奇地左看右看，试图通过接近潜水者来"吓唬"他们。

亚历克斯·马斯塔德
（ **Alex Mustard** ）
海洋生物学家，水下摄影师，《水下摄影》的作者。

尖齿柠檬鲨和佩氏真鲨
LEMON SHARK AND CARIBBEAN
REEF SHARK

Negaprion acutidens, Carcharhinus perezii
尖齿柠檬鲨（左）和佩氏真鲨（右）在明亮的
光线下安静地游弋。
塔尼娅·霍普曼（Tanya Houppermans）

地点
老虎滩，大巴哈马岛（Tiger Beach, Grand Bahama）
时间
2017 年 2 月
设备／参数
Olympus OM–D E–M1, Olympus 8 mm 鱼眼镜头,
Nauticam 防水壳, 两个 Sea & Sea YS–D2 闪光灯
（f/4, 1/320s, ISO250）

佩氏真鲨
CARIBBEAN REEF SHARK
Carcharhinus perezii
傍晚，平静的海水宛如棱镜，把夕阳的光折射到水
下，成就一片灿然之光。
塔尼娅·霍普曼（Tanya Houppermans）

地点
老虎滩，大巴哈马岛（Tiger Beach, Grand Bahama）
时间
2017 年 2 月
设备 / 参数
Olympus OM-D E-M1，8 mm 鱼眼镜头，Nauticam
防水壳，两个 Sea & Sea YS-D2 闪光灯
（f/6, 1/320s, ISO250）

无沟双髻鲨

GREAT HAMMERHEAD SHARK

Sphyrna mokarran

以前，在老虎滩潜水时很难见到双髻鲨。现在，终于可以经常遇见它们了。

塔尼娅·霍普曼（Tanya Houppermans）

地点

老虎滩，大巴哈马岛（Tiger Beach, Grand Bahama）

时间

2017 年 2 月

设备 / 参数

Olympus OM-D E-M1, 8 mm 鱼眼镜头，Nauticam 防水壳，两个 Sea & Sea YS-D2 闪光灯

（f/2.8, 1/250s, ISO320）

≫ 尖齿柠檬鲨
LEMON SHARKS

Negaprion acutidens

日落时分，漂亮的尖齿柠檬鲨被诱饵吸引，双双
而至。

道格·珀赖因（Doug Perrine）

地点
阿利瓦尔浅滩，南非（Aliwal Shoal, South Africa）
时间
2003 年 8 月
设备 / 参数
Canon EOS D60, Canon 15 mm 镜头，两个 Inon Z–
220 闪光灯
（f/5, 1/60s, ISO200）

≫ 尖齿柠檬鲨
LEMON SHARK

Negaprion acutidens

这张照片是用 iPhone 7 拍摄的，拍摄时搭配了
LenzO 防水壳，内置了红色滤镜。

艾瑞克·伦德贝利德（Erik Lundblade）

地点
老虎滩，大巴哈马岛（Tiger Beach, Grand Bahama）
时间
2016 年 11 月
设备 / 参数
iPhone 7 后置镜头，相当于 28 mm 镜头
（f/1.8, 1/344s, ISO20）

镰状真鲨

SILKY SHARKS

Carcharhinus falciformis

黄昏时分，约 20 条镰状真鲨徘徊在古巴南部
海岸大陆架边缘，寻觅当天最后一餐的猎物。

迈克尔·阿乌（Michael Aw）

地点

王后花园群岛，古巴（Jardines de la Reina, Cuba）

时间

2017 年 2 月

设备／参数

Nikon D500, 10.5 mm 镜头，Seacam 防水壳，两
个 Seacam Seaflash 150 闪光灯
（f/14, 1/160s, ISO800）

⩘镰状真鲨

SILKY SHARK

Carcharhinus falciformis

我期待看到这样一个画面很久了——鲨鱼仿佛在亲吻水面,而此时夕阳西下,一眼望去如同浮在海中,整个世界宁静而美好。

迈克尔·阿乌(Michael Aw)

地点

王后花园群岛,古巴(Jardines de la Reina, Cuba)

时间

2017 年 2 月

设备／参数

Nikon D500, 10.5 mm 镜头,Seacam 防水壳,两个 Seacam Seaflash 150 闪光灯
(f/14, 1/160s, ISO800)

⩓ 钝吻真鲨
GREY REEF SHARKS
Carcharhinus amblyrhynchos
夜晚，我先是在水面上发现鲨鱼的背鳍，随后，拍下了这两条钝吻真鲨。
托比亚斯·弗里德里希（Tobias Friedrich）

地点
西新不列颠，巴布亚新几内亚（West New Britain, Papua New Guinea）
时间
2011 年 5 月
设备 / 参数
Canon EOS 5D Mark II, Canon 17—40 mm 镜头（f/9, 1/200s, ISO800）

佩氏真鲨
CARRIBEAN REEF SHARKS
Carcharhinus perezii
这是一群生活在王后花园群岛的佩氏真鲨。
格雷格·勒克尔（Greg Lecoeur）
地点
王后花园群岛，古巴（Jardines de la Reina, Cuba）
时间
2015 年 4 月
设备／参数
Nikon D7000, 10—17 mm 镜头
（f/11, 1/125s, ISO200）

《 **无沟双髻鲨**
GREAT HAMMERHEAD SHARK
Sphyrna mokarran
无沟双髻鲨外形独特，嘴巴非常靠
下，正适合用来捕食沙地里的鳐鱼。
丹尼尔·诺伍德（Daniel Norwood）

地点
比米尼，巴哈马（Bimini, Bahamas）
时间
2015 年 2 月
设备 / 参数
Nikon D7000
（f/8, 1/160s, ISO100）

≫ 鼬鲨和无沟双髻鲨

TIGER SHARK AND GREAT HAMMERHEAD SHARK

Galeocerdo cuvier, Sphyrna mokarran

意外的相遇

去年，我参加了一个去巴哈马（Bahamas）拍摄鲨鱼的活动。原本计划先在弗里波特（Freeport）看鼬鲨，然后去比米尼（Bimini）看无沟双髻鲨。

可惜天公不作美，因当时的天气情况没去成比米尼。大家很失望，毕竟都想去看看从没见过的无沟双髻鲨。但让大家非常意外的是，平常只出现在比米尼的无沟双髻鲨，有一条竟然游到了老虎滩！更让人惊奇的是，这条无沟双髻鲨还淡定地与一群鼬鲨相处，甚至挤开一众鼬鲨去抢食诱饵。

这两种漂亮的鲨鱼同框实属难得。塞翁失马，焉知非福！

丹尼尔·诺伍德（Daniel Norwood）

《 铰口鲨（左下图）

NURSE SHARK

Ginglymostoma cirratum

铰口鲨经常现身于喂鲨潜中，它们会反复地靠近诱饵箱。这条铰口鲨为了食物锲而不舍，我于是抓拍了一张它的照片。

丹尼尔·诺伍德（Daniel Norwood）

地点

老虎滩，巴哈马（Tiger Beach, Bahamas）

时间

2015 年 1 月

设备 / 参数

Nikon D7000

（ f/9, 1/160s, ISO100 ）

≫ 地点

老虎滩，巴哈马（Tiger Beach, Bahamas）

时间

2017 年 3 月

设备 / 参数

Nikon D500

（ f/14, 1/125s, ISO200 ）

⩗大青鲨
BLUE SHARKS
Prionace glauca
在开普敦南部海域，这 2 条大青鲨在我们快
结束当天的潜水时才出现。
杰拉尔德·诺瓦克（Gerald Nowak）

地点
开普敦，南非（Cape Town, South Africa）
时间
2015 年 3 月
设备／参数
Nikon D800, Sigma 12—24 mm 镜头，Seacam
防水壳，Seacam 闪光灯
（f/7.1, 1/125s, ISO200）

⟪大青鲨
BLUE SHARK
Prionace glauca
我们脚下是 2,000 米深的大蓝水。这条大青
鲨终于禁不住诱饵的诱惑，在我们足足等了
2 小时后，出现在我们眼前。
杰拉尔德·诺瓦克（Gerald Nowak）

地点
法亚尔岛，亚速尔群岛（Faial Island, Azores）
时间
2013 年 3 月
设备／参数
Nikon D700, Sigma12—24 mm 镜头，Seacam
防水壳，Seacam 闪光灯
（f/9, 1/250s, ISO400）

尖齿柠檬鲨
LEMON SHARKS
Negaprion acutidens
一群尖齿柠檬鲨争先恐后地挤向镜头。
格雷格·勒克尔（Greg Lecoeur）

地点
老虎滩，巴哈马（Tiger Beach, Bahamas）
时间
2013 年 1 月
设备 / 参数
Nikon D7000, 10—17 mm 镜头
（ f/8, 1/250s, ISO200）

在南非海域，我经常看到嘴巴、眼睛或鱼鳍上挂着鱼钩的黑边鳍真鲨。

米哈伊尔·科罗斯捷列夫
（Mikhail Korostelev）

黑边鳍真鲨 OCEANIC BLACKTIP SHARK, *Carcharhinus limbatus*

定型的笑脸

　　在北大西洋海域，黑边鳍真鲨特别容易受伤。尤其是在南非，海钓者特别喜欢钓这种鲨鱼。黑边鳍真鲨泳姿优美，它们经常以优美的螺旋式泳姿捕食小鱼。乍一看，这张照片中的一条鲨鱼好像在微笑。仔细看的话你会发现，原来是它的嘴被鱼钩扯成了一个"定型的微笑"……我希望这张照片可以让人们意识到人类对海洋的影响。在南非海域，我经常看到嘴巴、眼睛或鱼鳍上挂着鱼钩的黑边鳍真鲨。据估计，每年至少有 1 亿条鲨鱼因为鱼翅贸易而被捕杀，有研究者认为这还是保守估计，实际情况更严重——每年被捕杀的鲨鱼数量甚至是此数量的 2 倍多。

米哈伊尔·科罗斯捷列夫（Mikhail Korostelev）

》**地点**
阿利瓦尔浅滩，南非（Aliwal Shoal, South Africa）
时间
2015 年 3 月
设备／参数
Canon EOS 5D Mark II, 17—40 mm 镜头
（f/4, 1/250s, ISO320）

鲨鱼狂欢

》大青鲨

BLUE SHARK

Prionace glauca

大青鲨属于真鲨科。这条大青鲨从我们的诱
饵箱里捞到了一口零食。

杰拉尔德·诺瓦克（Gerald Nowak）

地点

开普敦，南非（Cape Town, South Africa）

时间

2015 年 3 月

设备／参数

Nikon D800, Sigma 12—24 mm 镜头，Seacam
防水壳，Seacam 闪光灯

（f/5.3, 1/160s, ISO200）

》大青鲨

BLUE SHARK

Prionace glauca

这张特写照清晰地展现了大青鲨的双眼、水
面以及深蓝色的海水。

托比亚斯·弗里德里希（Tobias Friendrich）

地点

开普敦，南非（Cape Town, South Africa）

时间

2012 年 5 月

设备／参数

Canon EOS 5D Mark II, Canon 8—15 mm 镜头

（f/10, 1/80s, ISO400）

⌃ 姥鲨

BASKING SHARK

Cetorhinus maximus
它们是海洋里体形第二大的鱼，用鳃耙过滤
海水，以海水中的浮游生物为食。

道格·珀赖因（Doug Perrine）

___
地点
康沃尔，英国（Cornwall, UK）
时间
2012 年 6 月
设备／参数
Nikon D700, Tokina 10—17 mm 镜头，1.4X 增
倍镜，Subal 防水壳，两个 Inon Z-220 闪光灯
（f/7.1, 1/125s, ISO100）

≪ 扁头哈那鲨

BROADNOSE SEVENGILL SHARKS

Notorynchus cepedianus

四条扁头哈那鲨（在英文中常被称作 cow shark）在大西洋的巨藻中游来游去。

托比亚斯·弗里德里希（Tobias Friedrich）

地点

开普敦，南非（Cape Town, South Africa）

时间

2012 年 5 月

设备／参数

Canon EOS 5D Mark II, Canon 8—15 mm 镜头

（f/10, 1/80s, ISO400）

《浅海长尾鲨
PELAGIC THRESHER SHARK
Alopias pelagicus
浅海长尾鲨非常敏感且反应迅速。如果潜水者主动靠近它们，它们会躲得远远的。潜水者可以远远地守在它们的必经之路上，一动不动地等着它们。它们的游速会让潜水者吃惊。
威廉·谭（William Tan）

地点
马拉帕斯加，菲律宾（Malapascua, Philippines）
时间
2015 年 8 月
设备／参数
Canon EOS-1D X, Canon 16—35 mm 镜头, Nauticam 防水壳, Nauticam 230 mm 镜头罩（f/6.3, 1/125s, ISO800）

《 大青鲨
BLUE SHARK
Prionace glauca

大青鲨是好奇宝宝，喜欢四处探寻，所以潜水者很容易与它们面对面碰个正着。我拍这张照片时，它凑过来，鼻子眼看着要碰到镜头了。

杰拉尔德·诺瓦克（Gerald Nowak）

地点
开普敦，南非（Cape Town, South Africa）
时间
2014 年 1 月
设备／参数
Canon EOS 5D Mark II, 17—40 mm 镜头
（f/4, 1/250s, ISO125）

》 太平洋鼠鲨
SALMON SHARK
Lamna ditropis

我在过去的两年间一直想拍鼠鲨。终于，潜了三天之后遇到了这罕见的种类。

罗恩·沃特金斯（Ron Watkins）

地点
威廉王子湾，阿拉斯加（Prince William Sound, Alaska）
时间
2017 年 8 月
设备／参数
Nikon D800, 29 mm 镜头，Sea & Sea 防水壳，Zen 230 mm 镜头罩，两个 Sea & Sea YS–250 闪光灯
（f/11, 1/200s, ISO400）

⩘ 尖吻鲭鲨

SHORTFIN MAKO SHARK

Isurus oxyrinchus

傍晚时分，我在距离海岸 80 千米处遇到了
这条尖吻鲭鲨。尖吻鲭鲨的数量逐年减少，
我们在外海越来越难见到它们了。

汤姆·伯恩斯（Tom Burns）

地点

楠塔基特岛，美国马萨诸塞州（Nantucket, Ma-
ssachusetts, USA）

时间

2014 年 8 月

设备／参数

Canon EOS 7D, Tokina 10—17 mm 镜头，Aquatica
防水壳，两个 Sea & Sea YS-110a 闪光灯
（f/10, 1/160s, ISO400）

⩘噬人鲨
GREAT WHITE SHARK
Carcharodon Carcharias

年幼的噬人鲨好奇心强且非常热情，常因被
我们这些海洋稀客吸引而游到保护笼附近。
成年雌性噬人鲨则更害羞、谨慎，经常只远
远地观察潜水者。
大卫·洛普雷斯蒂（Davide Lopresti）

地点
瓜达卢佩岛，墨西哥（Isla Guadalupe, Mexico）

时间
2014 年 8 月

设备／参数
Nikon D600, Sigma 15 mm 鱼眼镜头，Nimar 防
水壳，两个 Inon 闪光灯
（f/5, 1/80s, ISO200）

鲨鱼摄影技巧

既想保护鲨鱼，又想出大片？如何两全其美？

丹尼尔·诺伍德（Daniel Norwood）

鲨鱼是动物王国中最神奇、最成功的掠食者。尽管鲨鱼因被过度捕杀而数量大幅减少，但仍有几个地方提供与鲨鱼同潜的体验项目。

在斐济、巴哈马和墨西哥，一些经验丰富的潜店一直有鲨鱼观赏项目，并且多年来从未出过意外和伤亡事故。随着对鲨鱼的了解增多，人们对鲨鱼的印象大为改观，越来越多的人想与鲨鱼同潜。对鲨鱼而言，这是一个好现象。可持续发展的观鲨旅游业为当地带来经济利益，并激励当地进一步保护鲨鱼及其栖息地。这也是水下摄影师能接近鲨鱼、拍摄大片的前提。

安全第一

如果你想体验鲨鱼潜，事前需要认真评估自己的潜水水平和经验，并要认真研究、谨慎选择目的地。请选择有责任心、真正关心鲨鱼的潜店，因为有少数潜水从业人员冒着不必要的风险，故意骚扰或操纵鲨鱼以吸引潜水者。最近，骑鲨鱼、揉鲨鱼鼻子等危险而不尊重鲨鱼的行为越来越多。如果你的潜导为了娱乐效果，也做出类似的过分举动，请你不要兴奋地拍照留念，在上岸后要向潜导表达你的担忧，坚决抵制这种行为。有些摄影师也常为了拍照而做出过分的举动。没有必要为了照片而冒生命危险，请务必遵守潜水规则，别做傻事。

如何出大片

在讨论不同的鲨鱼潜所涉及的拍摄技巧之前，需要准备好水摄设备、调好相机参数。

所有的鲨鱼摄影都要用到广角镜头，最好配两个闪光灯。照片需要存为无损的 RAW 格式，以便后期编辑。除非想拍鲨鱼的运动状态，否则快门不能慢于 1/125s。先将光圈设为 f/8，然后根据海水的颜色慢慢调试。如果潜得较深或光线较暗，则调高感光度。现在很多相机在高感光度下拍摄出的效果很不错，在鲨鱼摄影中，相机具有高感光度很重要。

相机及各种水下设备准备就绪后，你就要开始思考如何拍出好照片了，比如拍什么样的场景、拍哪种鲨鱼。

喂鲨潜

与人们的认知相反的是，大多数鲨鱼不但不会主动接近人类，反而会远离人类。所以，你如果想要拍摄鲨鱼，就需要用诱饵吸引它们游过来。大家用的诱饵可能不同，但目的相同——把这些难以接近的动物吸引到自己身边。

喂鲨潜适合拍摄一些大型掠食者，如巴哈马海域的鼬鲨和无沟双髻鲨、斐济和墨西哥海域的低鳍真鲨或亚速尔群岛和加利福尼亚海域的大青鲨和鲭鲨。

我会选择 Tokina 10—17 mm 镜头（用在截幅传感器相机上）。如果你不喜欢鱼眼效果，可选择 12—24 mm 的标准镜头，变焦镜头更好用。拍照时，我经常调整镜头焦距，也常常手动调节闪光灯的亮度。如果闪光灯太亮，拍出来的照片中鲨鱼的白肚皮处会过曝，所以要从暗至亮慢慢调节。

安全起见，潜水者通常凑在一起潜水，而摄影师们则爱争抢最佳摄影位置，喜欢挤在诱饵或喂鲨人旁边。不过，我喜欢远离人群，以蓝色的海水为背景拍照，这样就只有鲨鱼入镜，照片不至因诱饵和潜水者乱入而被破坏美感。

如果鲨鱼游得离自己很近，要记得调整闪光灯的角度，对准鲨鱼。不要鲨鱼一从自己身边游过就狂按快门，因为大多数闪光灯两次闪光之间都有一定的时间间隔，跟不上你快门的频率，频繁按动快门，只能拍到一堆亮度不足的照片。你应该等自己最满意的画面出现后再去按快门。请记住，如果周围有很多鲨鱼，安全第一。

总之，拍摄时，相比于连珠炮似的按快门，精心构图拍出来的照片质量更高。

笼中观鲨

观看噬人鲨时需要待在保护笼里，不过这样一来，拍照和录像更有难度了。昂贵的摄影器材易和保护笼的金属架发生碰撞而被损坏，所以这时你要选择简洁、紧凑的设备。迷你球形镜头罩和小型闪光灯用起来就比较方便，不会碍手碍脚。

噬人鲨通常会与保护笼、诱饵箱保持一定的距离，离得可能比你预期中的更远，所以在拍摄时带上中焦镜头（如 16—35 mm 的镜头）更加明智。

尽管大部分鲨鱼天性温和，但潜水者的失当行为可能导致不必要的事故发生。所有参与鲨鱼潜的人应遵守以下基本原则。

· 不触摸或试图抓住鲨鱼。
· 不碰触食物或诱饵箱。

· 身着恰当的安全装备。

· 不追逐或骚扰鲨鱼。

· 不在水面停留太久。

· 认真听安全简报，了解每一潜的特殊规定。
· 时刻注意身边的情况，尤其是离你很近的鲨鱼。

请不要忘记，鲨鱼是野生动物，具有一定的危险性，我们应该尊重且谨慎对待它们。

想了解相关潜店，请登录 www.global-sharkdiving.org。

《试着游到鲨鱼附近诱它向
　你而来，并在它迎面而来
　的那一刻按下快门。

自然而然的偶遇

除了前文提到的一些地方，能看见鲨鱼的地方还有清洁站或鲨鱼聚集的投喂点。

浮潜拍摄鲸鲨和姥鲨时，用广角镜头即可，连闪光灯都不需要，因为水面光线充足。何况，大部分潜点也不允许使用闪光灯。不带闪光灯更容易让自己身体稳定。可以试着游到鲨鱼附近诱它向你而来，并在它迎面而来的那一刻按下快门。由于鲸鲨和姥鲨体形巨大，所以拍摄时最好使用鱼眼镜头，因为只有这样才能让它们完整地入镜。

在加拉帕戈斯群岛（Galápagos）和哥斯达黎加的科科斯岛（Cocos Island）拍摄双髻鲨群时，要有耐心且尽量减少动作，因为双髻鲨非常胆小、谨慎，通常不会靠近潜水者。如果你主动追逐它们，非但拍不到照片，反而会吓跑整群双髻鲨。你要躲在岩缝间或珊瑚礁后面，时刻关注它们的动态。如果有一条双髻鲨向你游来，记住屏住呼吸，或轻轻呼吸，也许这样你可以拍到一张双髻鲨不错的近景照。如果水下能见度高，你还可能拍到更令人震撼的画面：上百条双髻鲨在头顶游弋而过的剪影。

最有挑战性的大概是拍摄长尾鲨了。菲律宾的马拉帕斯加（Malapascua）是唯一肯定能见到长尾鲨的地方。这个潜点海水很深，而且不允许用闪光灯。而长尾鲨非常害羞，难以接近，所以要拍到好照片真的需要天时、地利、人和。

如果你有幸遇到鲨鱼，而且照片拍得不错，不妨跟大家分享分享。发布照片时，你可以顺带描述一下照片中鲨鱼的品种、它的重要性以及它深深吸引你的地方，以便增加大众对鲨鱼的认识。

鲨鱼是一种美妙的生物，我们拍摄时不该让它们受到伤害。我们每个人都可以成为鲨鱼保护使者，为保护鲨鱼做出自己的贡献。请负责任地对待每一条鲨鱼。

《 左上图
让镜头远离人群，以深蓝色的海水为背景拍照。

《 左下图
拍摄鲨鱼时需要用广角镜头，最好配两个闪光灯。

鲸鲨
WHALE SHARK
Rhincodon typus
鲸鲨是世界上最大的鱼。
格雷格·勒克尔（Greg Lecoeur）

地点
达尔文和沃尔夫岛，加拉帕戈斯群岛
（Darwin and Wolf Islands, Galápagos）
时间
2012 年 11 月
设备 / 参数
Nikon D7000，镜头 10—17 mm
（f/8, 1/60s, ISO200）

⚞ 鲸鲨
WHALE SHARK
Rhincodon typus

结束了一天的捕捞后，渔民把不需要的渔获物
扔回海里，此时鲸鲨就通过洞穴般的大嘴巴滤
食这些渔获物。渔民与鲸鲨发展出一段不可思
议的友谊。

史蒂夫·琼斯（Steve Jones）

地点
西巴布亚，印度尼西亚（West Papua, Indonesia）
时间
2011 年 10 月
设备 / 参数
Nikon D700, 16 mm 镜头，两个 Seacam S150D
闪光灯
（f/22, 1/20s, ISO100）

⩕鲸鲨

WHALE SHARK

Rhincodon typus

极乐鸟湾（Cenderawasih Bay）附近的鲸鲨被
渔民丢弃的渔获物吸引而至，聚集在渔船周围。
吸附在鲸鲨身上的鲫鱼也大快朵颐。

史蒂夫·琼斯（Steve Jones）

地点

西巴布亚，印度尼西亚（West Papua, Indonesia）

时间

2011 年 10 月

设备／参数

Nikon D700, 16 mm 镜头，两个 Seacam S150D
闪光灯

（f/11, 1/200s, ISO200）

噬人鲨
GREAT WHITE SHARK
Carcharodon Carcharias
在墨西哥的瓜达卢佩岛，一群小鱼围绕着一条悠
游自在的噬人鲨，整个画面一派和谐。
克里斯蒂安·维兹莱（Christian Vizl）

地点
下加利福尼亚，墨西哥（Baja California, Mexico）
时间
2012 年 10 月
设备／参数
Canon EOS 5D Mark II, Canon 15 mm 镜头
（f/5, 1/160s, ISO200）

> 每一次的相遇都不同，你永
> 远不知道将要遇到的鲨鱼会
> 有怎样的个性。

罗德尼·博西尔（Rodney Bursiel）

噬人鲨 GREAT WHITE SHARK, *Carcharodon carcharias*

扑食

　　决定参加笼中观鲨时，我已经 25 年没潜水了。我当时只想以此为契机，重拾潜水这一爱好。我一开始没抱什么期望，因为不就是在安全笼里潜水嘛。我以为自己体验一下就够了，但没想到，在安全笼里与噬人鲨同游竟然如此刺激。于是，在过去的 4 年中，我不断地体验笼中观鲨，意犹未尽。每一次的相遇都不同，你永远不知道将要遇到的鲨鱼会有怎样的个性。

　　这张照片摄于黄昏，当时夕阳低垂，海水变成深蓝色。我所处的位置恰好可以抓拍到噬人鲨扑向金枪鱼的一瞬。在这个瞬间，噬人鲨展现了自身惊人的力量，极富美感。

罗德尼·博西尔（Rodney Bursiel）

» **地点**
瓜达卢佩岛（Guadalupe Island）
时间
2015 年 8 月
设备 / 参数
Nikon D800, 16 mm 镜头
（f/10, 1/160s, ISO1000）

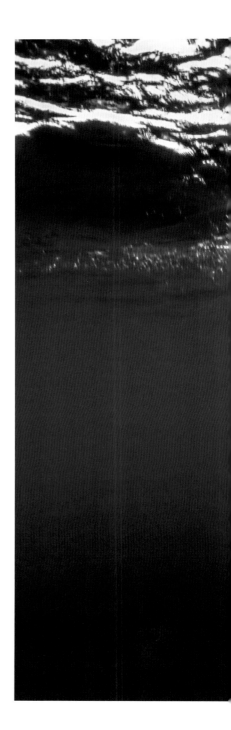

⩘噬人鲨

GREAT WHITE SHARK

Carcharodon Carcharias
瓜达卢佩约有 270 条噬人鲨。这条一出现，就
被我的镜头记录下来了。我把它命名为"刘
（Liu）"。

刘亦楠（Liu Yi Nan）

地点
瓜达卢佩，墨西哥（Guadalupe, Mexico）
时间
2017 年 10 月
设备／参数
Canon EOS 5DS R, Nauticam 防水壳
（f/8, 1/200s, ISO100）

⟪噬人鲨

GREAT WHITE SHARK

Carcharodon Carcharias

在过去的 3 年中，我主要用 16 mm 的镜头拍
鲨鱼的全身，这次我尝试用 28 mm 和 50 mm
的镜头拍摄鲨鱼牙齿。

罗德尼·博西尔（Rodney Bursiel）

地点

瓜达卢佩，墨西哥（Guadalupe, Mexico）

时间

2017 年 10 月

设备／参数

Nikon D800, 28 mm 镜头
（f/4, 1/800s, ISO400）

黑边鳍真鲨
OCEANIC BLACKTIP SHARK
Carcharhinus limbatus
与很多鲨鱼的遭遇相似，这条鲨鱼也被鱼钩弄伤了。
喉盘鱼尾随着它。
米哈伊尔·科罗斯捷列夫（Mikhail Korostelev）

地点
乌姆科马斯，南非（Umkomaas, South Africa）
时间
2017 年 1 月
设备／参数
Canon EOS 5D Mark II, 8—15 mm 镜头
（f/6.3, 1/250s, ISO200）

鼬鲨
TIGER SHARK
Galeocerdo cuvier
下午三四点，一条雌性鼬鲨独自游过浅水区。
塔尼娅·霍普曼（Tanya Houppermans）

地点
老虎滩，大巴哈马岛（Tiger Beach, Grand Bahama）
时间
2017 年 2 月
设备／参数
Olympus OM-D E-M1, Olympus 8mm 鱼眼镜
头, Nauticam NA-EM1 防水壳, 两个 Sea & Sea
YS-D2 闪光灯
（f/11, 1/250s, ISO250）

鼬鲨
TIGER SHARK
Galeocerdo cuvier
一条体形较大的雌性鼬鲨在浅水区悠游。
塔尼娅·霍普曼（Tanya Houppermans）

地点
老虎滩，大巴哈马岛（Tiger Beach, Grand Bahama）
时间
2017 年 2 月
设备 / 参数
Olympus OM-D E-M1，Olympus 8 mm 鱼眼镜头，Nauticam NA-EM1 防水壳，两个 Sea & Sea YS-D2 闪光灯
（f/9, 1/320s, ISO250）

鼬鲨
TIGER SHARK

Galeocerdo cuvier
一条鼬鲨不愿意绕路，非要从另一条鲨鱼身上游过去，亲密接触后，它们才分道扬镳。
塔尼娅·霍普曼（Tanya Houppermans）

地点
老虎滩，大巴哈马岛（Tiger Beach, Grand Bahama）
时间
2014 年 12 月
设备／参数
Olympus OM–D E–M1，Panasonic Lumix 8 mm 鱼眼镜头，Nauticam 防水壳，两个 Sea & Sea YS–D1 闪光灯
（f/5.6, 1/250s, ISO250）

铰口鲨
NURSE SHARK

Ginglymostoma cirratum
游弋在大蓝水中的铰口鲨，体形修长，尾鳍尤其长，游动起来十分灵活。
克里斯蒂安·维兹莱（Christian Vizl）

地点
比米尼，巴哈马（Bimini, Bahamas）
时间
2017 年 4 月
设备／参数
Canon EOS 5D Mark II，Canon16—35 mm 镜头
（f/9, 1/200s, ISO200）

⩕ **黑边鳍真鲨**
OCEANIC BLACKTIP SHARKS
Carcharhinus limbatus
一群黑边鳍真鲨到水面捕食沙丁鱼，大快朵颐。
让-玛丽·吉兰（Jean-Marie Ghislain）

地点
阿利瓦尔浅滩，南非（Aliwal Shoal, South Africa）
时间
2010 年 7 月
设备／参数
Nikon D700，24 mm 镜头
（f/14, 1/1800s, ISO400）

在这片清澈的深水中，海洋生物们悠游自在、一团和气。

克里斯蒂安·维兹莱（Christian Vizl）

镰状真鲨 SILKY SHARK, *Carcharhinus falciformis*

一团和气

　　在墨西哥的芝华塔尼欧（Zihuatanejo），我一出海就是一整天，寻找、拍摄海洋生物。雨季，被河流冲到海中的浮木或悬浮有机物吸引了大量鱼群，鱼群又引来海龟、海豚、鲨鱼等。在这片清澈的深水中，海洋生物们悠游自在、一团和气。鱼群和鲨鱼在一片有机垃圾的阴影下游动，与周围被阳光照射的明亮海水形成鲜明对比。趁此机会，我拍下了这张高对比度的黑白照片。

克里斯蒂安·维兹莱（Christian Vizl）

《 **地点**
伊斯塔帕，墨西哥（Ixtapa, Mexico）
时间
2015 年 6 月
设备 / 参数
Canon EOS 5D Mark II, Canon 16—35 mm 镜头
（f/10, 1/100s, ISO320）

⋀镰状真鲨
SILKY SHARK
Carcharhinus falciformis
这是一张镰状真鲨的特写照，当时它正在王后
花园群岛附近的水面游动。
克里斯蒂安·维兹莱（Christian Vizl）

地点
王后花园群岛，古巴（Jardines de la Reina,
Cuba）
时间
2012 年 4 月
设备 / 参数
Canon EOS 5D Mark II, Canon 24—105 mm 镜头
（f/5.6, 1/200s, ISO250）

钝吻真鲨
GREY REEF SHARKS
Carcharhinus amblyrhynchos
在这片清澈的水域中，钝吻真鲨常成群出现。
王觐程（Aaron Wong）

地点
法卡拉瓦，法属波利尼西亚（Fakarava, French Polynesia）
时间
2017 年 3 月
设备／参数
Nikon D5，12—24 mm 镜头，Seacam 防水壳
（f/10, 1/160s, ISO100）

后期编辑技巧

如何创作高对比度的黑白影像

克里斯蒂安·维兹莱（Christian Vizl）

后期编辑一直是摄影艺术中不可或缺的一部分。在胶片摄影的年代，调节底片感光度和显影时间也算是后期编辑。在我看来，后期编辑是一个充满创造性的过程，它与拍摄同样重要。后期编辑时，可以把我们想表达的东西融入照片，使一张好不容易拍出的照片更加完美。

我用 Adobe Lightroom 为照片做后期编辑，它是专门用于数码摄影后期制作的软件，用起来简单、高效。但一定要记住，软件和相机都只是工具而已，不是成就大片的决定性条件。我们对美的追求、理解力、鉴赏力和视觉叙述手法才是出大片的基础。所以，虽然你必须熟练掌握后期编辑的技巧，但永远记住：这些工具是为你的创造力服务的。

每次在早晨下水拍摄海洋生物后，我会把照片传到电脑里，然后开始看原图效果，这是我最喜欢的时刻。我会仔细浏览每一张照片，筛选出有特色的画面，在脑海里构思后期怎样编辑才能使之更出色。

虽然我个人偏爱黑白风格，但并非所有照片都适合做成黑白效果。拍照前，你要试着想象一下黑白画面，培养自己的"黑白视力"，在一定的光线和画面的组合中，能一眼"看到"一张冲击力极强的黑白照片。

从相机里选出目标照片后，我就开始用 Lightroom 进行编辑。要有条不紊地编辑，按 Lightroom 的界面，从上到下调整各个照片参数。

总体而言，这是一个尝试不同效果的过程。其实，我创作的方法和技巧与你的并无太大差异，而且也没有你想象的那么复杂。那么，差距究竟在哪里呢？秘诀在于感觉或情感的表达，你要善于表达感觉或情感，并把创造力和热情融入照片。这个能力体现在按下快门的那一刻，后期你再用电脑稍做调整，照片就会很完美。当然前提是，你要花时间和精力学习使用编辑软件，学习所需的时间不比与大自然相处的时间少。之后，你就可以让相机和软件为自己的创造力服务了。

高对比度黑白照片的创作四步曲

第一步：调节白平衡

后期编辑的第一步是调节色温和色调，调出合适的白平衡。你也可以用界面左边的白平衡选择器来调节白平衡。选择照片中的一个点，用白平衡选择器在这个点上点击一下，软件就会自动校准整个画面的白平衡。

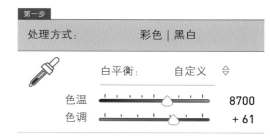

第二步：调节黑白效果

如果你想把彩色照片变成黑白照片，就点击界面上方右侧的"黑白"按钮。即使你对初步效果不满意也不要担心，你可以在不同的面板调节不同的参数。

在"基本面板"和"色调曲线"面板调节图片的明暗度，以增强照片的对比度和清晰度。我个人喜欢先把数值调到最大，再分别调整每一个颜色。这时，我喜欢把背景调得很暗或很亮。

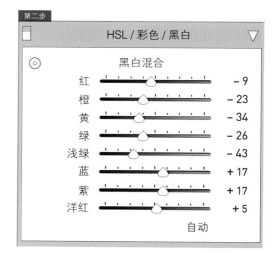

第三步：借助梯级滤镜调节效果

分享一个小秘诀：使用梯级滤镜，让背景由亮渐变到最暗。启用梯级滤镜，点击矩形图标（左起第 4 个），就会出现如图所示的面板。选定照片中想要调节的区域后，你就可以调节面板中的这些参数。你可以逐个尝试，以达到理想效果。

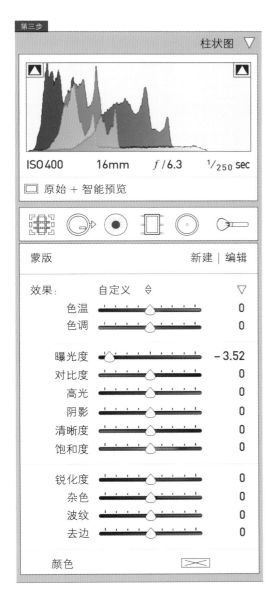

第四步：使用锐化、减少杂色、变形和晕影功能

锐化处理和减少杂色处理对照片的干净程度有很大的影响。调节"锐化"和"减少杂色"相关参数时，最好将照片放大到像素级别。

如果照片是用广角镜头拍摄的，你还可以使用变形和晕影功能，比如加上晕影，让照片主体更突出。

做好这几步，你的照片一定会让人眼前一亮。

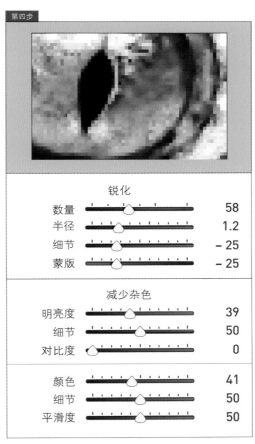

》无沟双髻鲨 GREAT HAMMERHEAD SHARK, *Sphyrna mokarran*

一次绝妙的相遇

那天原本是普通的一天，我们在巴哈马老虎滩看到了许多尖齿柠檬鲨和佩氏真鲨，还看到了一些鲼鲨，这在老虎滩是十分平常的。突然，一个巨大的黑影出现在我们前方，并向我们移动——一条无沟双髻鲨！不同于其他鲨鱼，它的动作十分优雅。这时，其他人气瓶中的气体即将耗尽，不得不游回船上；我和我的潜伴非常幸运，还可以再待 10 分钟！

这条无沟双髻鲨绕着我们游了几圈后，才决定从我们的头顶游过。短短几秒钟内，我上潜了数米，并拍了两张照片。第一张是潜伴站在 10 米深的水中的样子，第二张则是无沟双髻鲨从我头顶掠过的身姿。

阿图罗·特勒·蒂曼（Arturo Telle Thiemann）

》地点
老虎滩，巴哈马（Tiger Beach, Bahamas）
时间
2017 年 2 月
设备／参数
Canon EOS 5D Mark III, Canon 8—15 mm 鱼眼镜头
（f/16, 1/50s, ISO200）

》噬人鲨
GREAT WHITE SHARK
Carcharodon carcharias
在瓜达卢佩岛，一条噬人鲨平静地滑过水面。
克里斯蒂安·维兹莱
（Christian Vizl）

地点
下加利福尼亚，墨西哥（Baja California, Mexico）
时间
2012 年 10 月
设备／参数
Canon EOS 5D Mark II, Canon 15 mm 鱼眼镜头
（f/6.3, 1/160s, ISO100）

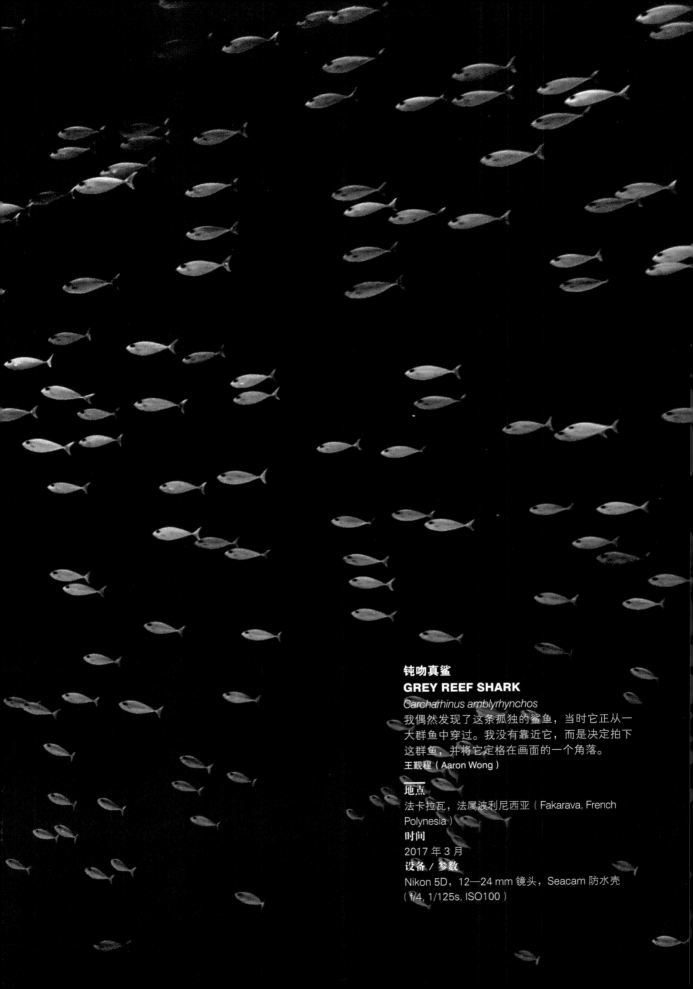

钝吻真鲨

GREY REEF SHARK

Carcharhinus amblyrhynchos

我偶然发现了这条孤独的鲨鱼，当时它正从一
大群鱼中穿过。我没有靠近它，而是决定拍下
这群鱼，并将它定格在画面的一个角落。
王觐程（Aaron Wong）

地点
法卡拉瓦，法属波利尼西亚（Fakarava, French
Polynesia）
时间
2017 年 3 月
设备／参数
Nikon 5D，12—24 mm 镜头，Seacam 防水壳
（f/4, 1/125s, ISO100）

≫ 低鳍真鲨
BULL SHARK
Carcharhinus leucas
一条低鳍真鲨被各种各样的鱼包围，这样的画面在斐济很常见。
陈翰旭（Jim Chen）

地点
斐济（Fiji）
时间
2016 年 7 月
设备／参数
Nikon D800E, Sigma 15 mm 镜头，Seacam 防水壳
（f/7.1, 1/125s, ISO400）

≫ 铰口鲨
NURSE SHARKS
Ginglymostoma cirratum
午后阳光明媚，几条铰口鲨在沙质海底嬉戏。
亚历克斯·马斯塔德（Alex Mustard）

地点
南比米尼，巴哈马（South Bimini, Bahamas）
时间
2012 年 6 月
设备／参数
Nikon D5, Nikonos 13 mm 鱼眼镜头，Subal ND5 防水壳
（f/14, 1/250s, ISO640）

≫ **低鳍真鲨**
BULL SHARK
Carcharinus leucas
在 24 米深的沙质海底，一条低
鳍真鲨被小鱼们围绕。
克里斯蒂安·维兹莱（Christian Vizl）

地点
金塔纳罗奥州，墨西哥（Quintana
Roo, Mexico）
时间
2015 年 12 月
设备 / 参数
Canon EOS 5D Mark II, Canon
16—35 mm 镜头
（f/13, 1/200s, ISO640）

《∨长鳍真鲨

OCEANIC WHITETIP SHARK

Carcharhinus longimanus

一条长鳍真鲨为引水鱼提供保护，引水鱼则
为它清除身上的寄生虫。

汤米·科科拉（Tommi Kokkola）

地点

兄弟岛屿，埃及（Brothers Islands, Egypt）

时间

2014 年 11 月

设备／参数

Canon EOS 5D Mark III, 24—70 mm 镜头，Seacam
防水壳，两个 Inon Z-240 闪光灯
（f/13, 1/200s, ISO320）

锥齿鲨

SAND TIGER SHARK

Carcharias taurus
一条锥齿鲨从美国海岸警卫队沉船残骸旁游过。
塔尼娅·霍普曼（Tanya Houppermans）

地点
北卡罗来纳，美国（North Carolina, USA）
时间
2015 年 5 月
设备／参数
Olympus OM-D E-M1, Panasonic Lumix 8 mm 鱼
眼镜头，Nauticam NA-EM1 防水壳，两个 Sea &
Sea YS-D1 闪光灯
（f/3.5, 1/320s, ISO320）

⌃ 短吻柠檬鲨
LEMON SHARK
Negaprion brevirostris

引水鱼游在短吻柠檬鲨前面。短吻柠檬鲨身上
有明显的罗伦氏壶腹——一种电感受器，既能
引导鲨鱼根据地球磁场移动，又能帮助鲨鱼探
测猎物。

让-玛丽·吉兰（Jean-Marie Ghislain）

地点
老虎滩，巴哈马（Tiger Beach, Bahamas）

时间
2013 年 6 月

设备／参数
Nikon 800E，70 mm 镜头
（f/11, 1/500s, ISO200）

⌃鼬鲨

TIGER SHARK

Galeocerdo cuvier

鼬鲨身上的条纹很好地阐释了它英文俗名的由来。如今，斐济是地球上为数不多的可以在一潜中看到多达 7 种鲨鱼的地方。

王觐程（Aaron Wong）

地点

贝卡潟湖，斐济（Beqa Lagoon, Fiji）

时间

2014 年 2 月

设备／参数

Nikon D3，16 mm 镜头

（f/4, 1/125s, ISO400）

> 饵球中的沙丁鱼疯狂地想要逃
> 跑，我不得不在大片的血和鱼
> 鳞中捕捉并拍下这些令人震撼
> 的画面。
>
> 道格·珀赖因（Doug Perrine）

短尾真鲨 COPPER SHARK, *Carcharhinus brachyurus*

海中的超级巨星

　　右边这张照片拍摄于南非特兰斯凯（Transkei）的"狂野海岸"，拍摄全程历时 15 周，而在那之前的 3 年时间我都在为这张照片做准备。那时，此处的"沙丁鱼风暴"还没有成为世界闻名的景观，我的拍摄目标是沙丁鱼群在沿东海岸向北迁徙的过程中被其他海洋动物疯狂捕食的场面。因为人类的出现往往会干扰鱼类的自然行为，因此我租了船、雇了司机和向导，这样我就可以在不受更多人干扰的情况下快速移动，也让鱼群免受更多惊扰。即使在空中设置一个监视点，我们也很难在沙丁鱼饵球被其他海洋动物"摧毁"前接近——饵球持续的时间往往很短，而且饵球之间相隔很远。

　　某一天，我幸运地发现了一个维持了数小时的饵球，用向导的话来说，整个饵球就像一个"巨大的星球"。鲨鱼从四面八方涌来；此外，饵球还受到海豚、金枪鱼和海鸟等的攻击。饵球中的沙丁鱼疯狂地想要逃跑，我不得不在大片的血和鱼鳞中捕捉并拍下这些令人震撼的画面。与此同时，我还忙着推开身旁的鲨鱼——它们总是撞到我，让我难以拍照。

　　　　　　　　　　　　　　道格·珀赖因（Doug Perrine）

》**地点**
　特兰斯凯，南非（Transkei, South Africa）
　时间
　2007 年 4 月
　设备 / 参数
　Canon EOS D60, Sigma 14 mm 镜头，Canon
　550EX 闪光灯
　（f/5.6, 1/800s, ISO200）

低鳍真鲨
BULL SHARK
Carcharhinus leucas
在一场疯狂的捕食活动中，一条巨大的低鳍真鲨
从一群鱼中钻了出来。
王觐程（Aaron Wong）

地点
贝卡潟湖，斐济（Beqa Lagoon, Fiji）
时间
2013 年 9 月
设备 / 参数
Nikon D3, 16 mm 镜头，两个 Sea & Sea YS-250
闪光灯
（f/11, 1/250s, ISO200）

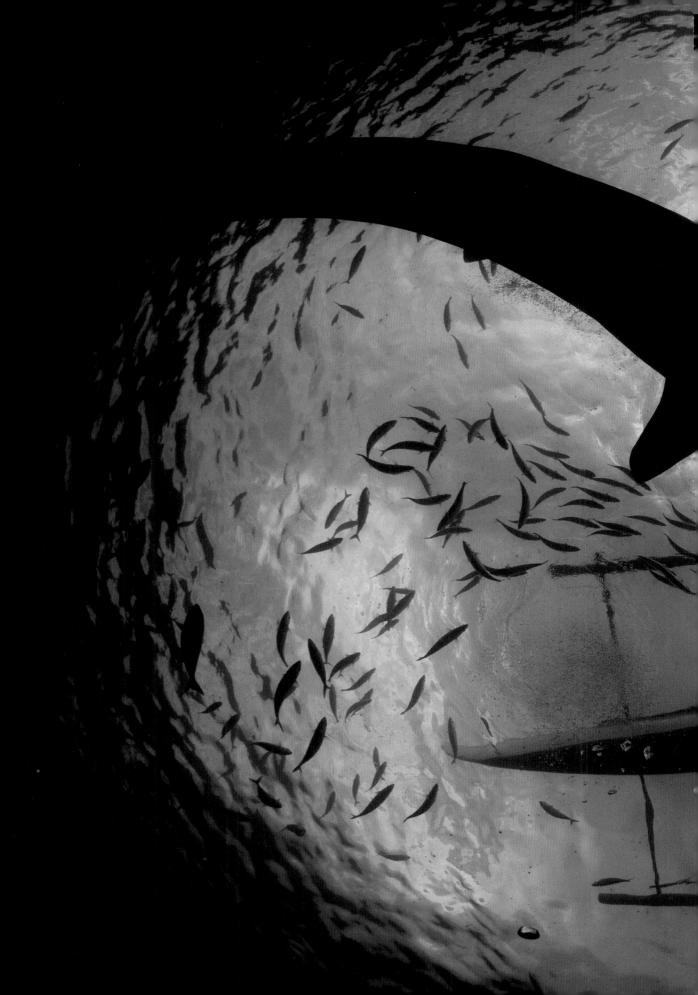

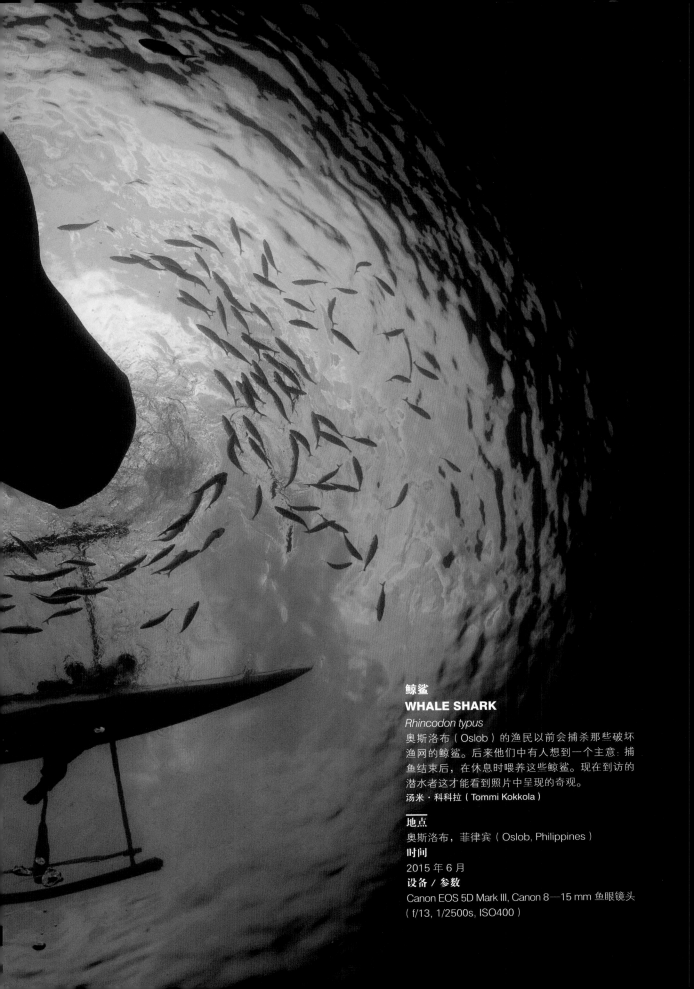

鲸鲨

WHALE SHARK

Rhincodon typus

奥斯洛布（Oslob）的渔民以前会捕杀那些破坏渔网的鲸鲨。后来他们中有人想到一个主意：捕鱼结束后，在休息时喂养这些鲸鲨。现在到访的潜水者这才能看到照片中呈现的奇观。

汤米·科科拉（Tommi Kokkola）

地点

奥斯洛布，菲律宾（Oslob, Philippines）

时间

2015 年 6 月

设备 / 参数

Canon EOS 5D Mark III, Canon 8—15 mm 鱼眼镜头
（f/13, 1/2500s, ISO400）

《 无沟双髻鲨
GREAT HAMMERHEAD
SHARK

Sphyrna mokarran

在比米尼的海岸夜潜时，我拍到这
条正与人进行眼神交流的无沟双
髻鲨。

塔尼娅·霍普曼（Tanya Houppermans）

——

地点

比米尼，巴哈马（Bimini, Bahamas）

时间

2015 年 2 月

设备 / 参数

Olympus OM-D E-M1, Panasonic
Lumix 8 mm 鱼眼镜头，Nauticam
NA-EM1 防水壳，两个 Sea & Sea
YS-D1 闪光灯
（f/7.1, 1/320s, ISO320）

《
美星鲨

DUSKY SMOOTH-HOUND SHARK

Mustelus canis

美星鲨又名大星鲨（smooth dogfish）或狗鲨（dog shark）。它们有时出现在淡水中，但我们还不确定它们能否在淡水中长时间存活。

乔·罗梅罗（Joe Romeiro）

地点

罗得岛，美国（Rhode Island, USA）

时间

2014 年 5 月

设备／参数

Canon EOS 7D，两个 Ikelite 闪光灯（f/7, 1/200s, ISO640）

≫
鼬鲨

TIGER SHARK

Galeocerdo cuvier

"小巴哈马浅滩（Little Bahama Bank）"的边缘就是老虎滩，这里是世界上为数不多的潜水者可与鼬鲨、佩氏真鲨、铰口鲨、柠檬鲨、低鳍真鲨和无沟双髻鲨一起潜水的潜点之一。

乔·罗梅罗（Joe Romeiro）

地点

大巴哈马岛（Grand Bahama）

时间

2014 年 11 月

设备／参数

Canon EOS 7D, Nauticam 防水壳（f/8, 1/60s, ISO320）

夜间水摄技巧

如何在夜潜时拍出高品质的好照片

托比亚斯·弗里德里希（Tobias Friedrich）

夜潜首先要克服的困难就是让自己动身去海里，毕竟，夜晚在酒吧来杯啤酒结束一天的工作可比再次跳入水中更有诱惑力。不过，你一旦动身去夜潜，就不会后悔，因为美好的水下经历或精彩的照片会让你觉得舍弃那杯啤酒非常值得。

夜潜时，请带上潜水手电筒。它既可以用来为你照明，也可以用来为相机照明。夜潜时，你不仅要专注于水下世界，还要与你的潜伴或来接你的船只沟通。水下摄影师使用的相机闪光灯有内置对焦灯或指示灯，所以摄影师往往认为不用带手电筒。但如果在潜水过程中对焦灯一直开着，闪光灯的电很快就会被耗光，你就会面临在潜出水面时没有任何光的风险，这是一个很大的安全隐患。因此，最好随身带一个备用的潜水手电筒。

对焦灯的照射面积要大些，光要柔和些，不要太强或太暗，以免吓跑或看不清动物。拍摄那些容易被吓到的动物时最好使用红光对焦灯，但要注意的是，在这种情况下，场景会变成黑白单色，与使用白光对焦灯相比更难寻找动物。

微距摄影

建议使用微距镜头以及顶部有对焦灯的相机。与白天相比，夜晚的水下环境发生了明显的变化：水下动物更难被发现，它们的行为也有所不同。但拍摄时用到的技巧与白天拍摄时用到的相似。

夜潜是捕捉动物夜间行为或状态的好机会，比如睡着的鹦嘴鱼、狩猎的狮子鱼。夜间拍摄时相机的光圈和快门速度等设置与白天拍摄时的基本相同。为了不受对焦灯或其他潜水者的光源的干扰，至少将快门速度设置为1/200s。在拍摄时，要确保背景清爽，背景全黑或以软珊瑚的纹理为背景可以让拍摄效果更好。你可以让自己靠近海底来实现这样的拍摄效果。

黑水摄影

黑水潜水时，潜水者漂流在开阔的海洋中，带有照明设备的绳索是潜水者活动时的参照物。黑水摄影时用50 mm或60 mm的微距镜头比较理想，但在这种漂移不定的情况下，镜头很难对焦，最好的办法就是让你的潜伴手持光源给被拍摄物打光，同时你要关掉自己的灯，这样有助于减少反向散射。你还可以把快门速度调快，以免受到其他光源的干扰；也可以从侧面或者后面打光，从而突出画面中被拍摄的主体。

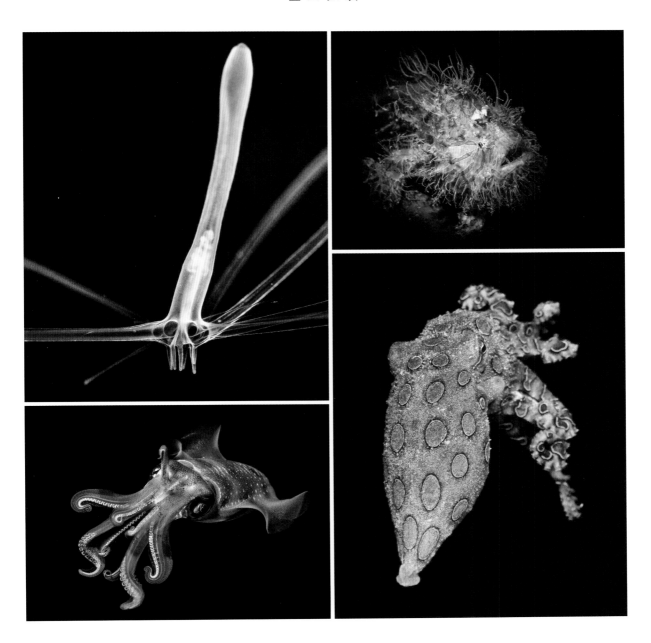

《 左页图片

　　这是在印度尼西亚的拉贾安帕夜潜时用微距镜头拍摄的鹦嘴鱼的眼睛。

⌃本页图片

　　从左上图开始按顺时针方向依次为：黑水潜水时拍摄的小生物、在使用聚光罩的情况下拍摄的一条毛茸茸的鳖鱼、蓝环章鱼的正面照、一只在夜晚炫耀自己鲜艳体色的莱氏拟乌贼。

广角摄影

广角摄影在夜晚会变得更加复杂。事先了解潜点非常重要，你如果了解潜点中哪里是最佳拍摄地点，就有更大的机会捕捉到最好的镜头。此外，对潜点了解得更多，准备工作就能做得更全面。

如果你能在水下更换转换器，或者带一个备用防水壳，那就更好了。有一台能在黑暗中准确对焦的相机非常重要，同样，准确调节闪光灯的角度也十分重要——如果闪光灯角度不对，那么拍出的照片将无法补救。如果只有一个闪光灯，那么通常将它接在相机顶部；而如果有两个闪光灯，那么最好把它们分别放在相机的两侧。当在沙滩或暗礁附近拍摄时，应将大部分光线聚集在高于相机的位置，以免照片上出现亮斑。此外，尽

可能在低机位拍摄，尽量让更多的黑水作为背景，以确保珊瑚礁是照片中最亮的部分。

在拍摄动物前要观察它们的行为。如果你发现狮子鱼喜欢在灯光下捕食，就不会错过这个很好的拍照机会。有时，构图时也可以考虑其他潜水者的光源。为了实现这个目的，要尽可能调慢快门速度，将快门速度调至1/25s，甚至1/15s。即使背景中的光并不清晰，相机的闪光灯也会使前景锐化。在这种情况下，我们也可以降低对焦灯的强度。如果对焦的是移动的物体，比如游动的鲨鱼，那么最好将相机设置为手动对焦。这些设置只能在水下完成，有些相机不支持水下手动对焦。不过，尼康的相机可以。

如果只有一个闪光灯，那么
通常将它接在相机顶部；而如
果有两个闪光灯，那么最好
把它们分别放在相机的两侧。

托比亚斯·弗里德里希
（Tobias Friedrich）

《左页图片
从上方给狮子鱼打光的
话，狮子鱼蝴蝶般的影
子就出现在沙地上。

《上图
夜晚，灰三齿鲨在哥斯达
黎加科科斯岛附近捕食。

如果你能在水下把对焦模式调为手动模
式，就可以把对焦点设在离你的脚蹼或珊瑚
约 1 米远的地方。光圈为 f/8 时，你仍然可以
轻松地对焦于距自己 0.5~3 米之间的所有物
体。然而，如果你的相机不支持水下手动对
焦，那么在自动对焦模式下，一个好的、明
亮的对焦灯就非常重要了。

无沟双髻鲨
GREAT HAMMERHEAD SHARK
Sphyrna mokarran
无沟双髻鲨是一种高度洄游的鲨鱼，生活在世界
各地的热带水域。
比尔·费希尔（Bill Fisher）

地点
比米尼，巴哈马（Bimini, Bahamas）
时间
2014 年 3 月
设备 / 参数
Nikon D7000, Nauticam 防水壳
（f/5.6, 1/200s, ISO200）

⌃ **锤头双髻鲨**
SMOOTH HAMMERHEAD SHARK
Sphyrna zygaena
锤头双髻鲨的名字源于它那向两侧延伸的扁平
的头部。
克里斯蒂安·维兹莱（Christian Vizl）

地点
下加利福尼亚，墨西哥（Baja California, Mexico）
时间
2017 年 5 月
设备 / 参数
Canon EOS 5D Mark II，Canon 16—35 mm 镜头
（f/7.1, 1/250s, ISO400）

⟰ 无沟双髻鲨
GREAT HAMMERHEAD SHARK
Sphyrna mokarran
一条无沟双髻鲨在沙质海底游动。无沟双髻鲨
是双髻鲨科中最大的种类。
克里斯蒂安·维兹莱（Christian Vizl）

地点
比米尼，巴哈马（Bimini, Bahamas）
时间
2017 年 4 月
设备／参数
Canon EOS 5D Mark II, Canon 16—35 mm 镜头
（f/7.1, 1/200s, ISO200）

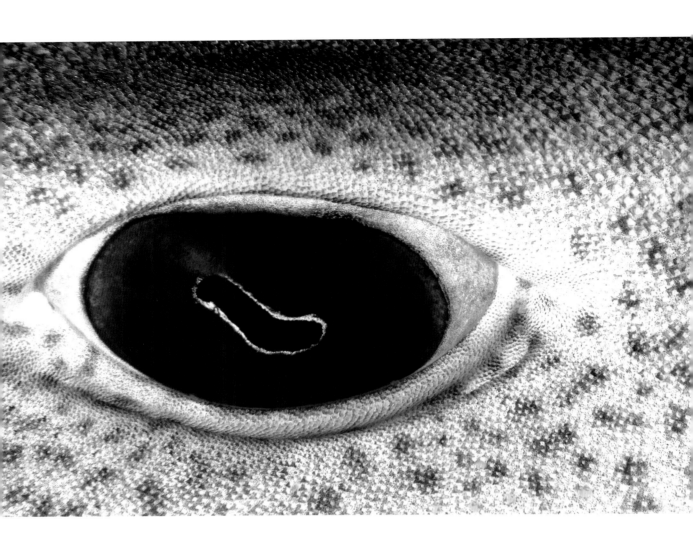

≪小点猫鲨
SMALL–SPOTTED CATSHARK
Scyliorhinus canicula
如果你已经给相机换上了微距镜头，一条鲨鱼
却向你游过来，你该怎么办？去拍它的眼睛！
克里斯蒂安·斯凯于格（Christian Skauge）

地点
戈尔韦，爱尔兰（Galway, Irelan）
时间
2009 年 8 月
设备 / 参数
Nikon D200
（f/29, 1/100s, ISO100）

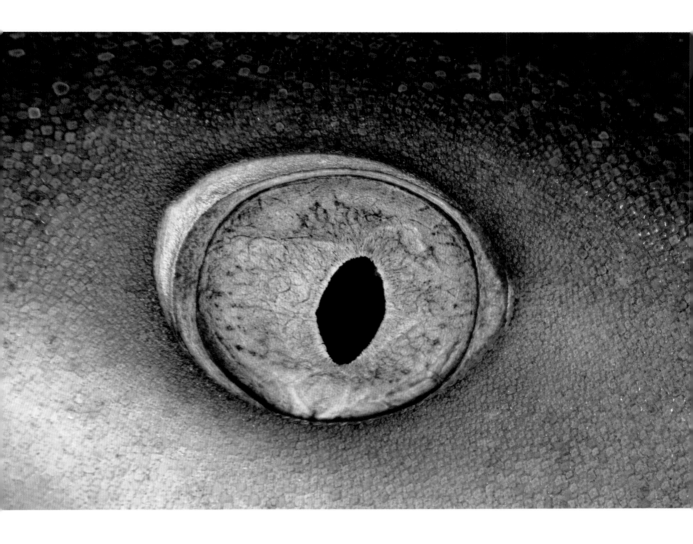

⋐灰三齿鲨
WHITETIP REEF SHARK

Triaenodon obesus
作为一种夜行鱼，灰三齿鲨长有椭圆形的大眼
睛，且瞳孔竖直延伸，这让它在非常昏暗的光
线下也能清楚地看到周围的事物。
杰森·艾斯利（Jason Isley）

地点
马尔代夫（Maldives）
时间
2011 年 11 月
设备 / 参数
Nikon D200, 105 mm 镜头
（f/18, 1/100, ISO100）

≫ 白斑斑鲨
CORAL CATSHARK

Atelomycterus marmoratus

这是我在夜潜时拍摄的一条正在积极觅食的白
斑斑鲨。

格雷格·勒克尔（Greg Lecoeur）

地点
莱特，菲律宾（Leyte, Philippines）
时间
2016 年 12 月
设备／参数
Nikon D7200, Tokina 10—17 mm 镜头
（f/14, 1/250s, ISO100）

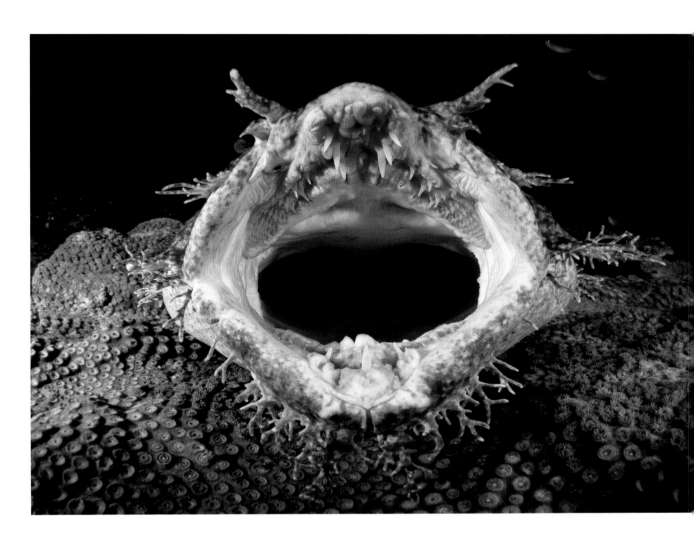

SPOTTED WOBBEGONG SHARK

Orectolobus maculatus

并非所有的鲨鱼都符合以下的描述：住在海底，身体扁平，嘴周围有感知触须，当这些触须被触碰时，它就会打哈欠。

海人（Yorko Summer）

地点

拉贾安帕，印度尼西亚（Raja Ampat, Indonesia）

时间

2014 年 12 月

设备／参数

Canon EOS 5D Mark III, Canon 8—15 mm 鱼眼镜头，Nauticam 防水壳（f/10, 1/200s, ISO200）

《 **斑点长尾须鲨**

EPAULETTE SHARK

Hemiscyllium ocellatum

出没于拉贾安帕的斑点长尾须鲨是生活在新几内亚、澳大利亚北部和塞特莱特岛附近的九大"行走鲨"之一，它们借助胸鳍在暗礁浅滩上"走动"。这种不寻常的鲨鱼是夜行动物，以小型软体动物、蠕虫和甲壳动物为食。

理查德·史密斯（Richard Smith）

地点

拉贾安帕，印度尼西亚
（ Raja Ampat, Indonesia ）

时间

2010 年 2 月

设备 / 参数

Nikon D2Xs，60 mm 微距镜头，Subal 防水壳，两个 Inon Z-240 闪光灯
（ f/13, 1/125s, ISO100 ）

《 **波氏虎鲨**
PORT JACKSON SHARKS
Heterodontus portusjacksoni
波氏虎鲨，又名"杰克逊港鲨"。它们是夜行
动物，常好几条挤在同一道岩缝中睡觉。
斯蒂芬·王（Stephen Wong）

地点
杰维斯湾，澳大利亚（Jervis Bay, Australia）
时间
2003 年 7 月
设备 / 参数
Nikonos RS，20—35 mm 镜头，Nikon SB-104
闪光灯，Provia 100 胶片
（f/8, 1/125s, ISO100）

≫ **扁鲨**
ANGEL SHARK
Squatina squatina
扁鲨常常因被误捕而成为兼捕渔获物，这使得
扁鲨在大西洋东北部濒临灭绝，而那里曾经是
扁鲨的家园。
格雷格·勒克尔（Greg Lecoeur）

地点
加那利群岛，西班牙（Canary Islands, Spain）
时间
2016 年 12 月
设备 / 参数
Nikon D7200，10—17 mm 镜头
（f/9, 1/200s, ISO200）

锥齿鲨
SAND TIGER SHARKS
Carcharias taurus
2 条锥齿鲨在加勒比海号（Caribsea）沉船的
残骸附近悠游。该沉船是一艘第二次世界大
战期间在北卡罗来纳海岸附近被德国的 U 型
潜艇击沉的货船。
王觐程（Aaron Wong）

地点
北卡罗来纳，美国（North Carolina, USA）
时间
2016 年 7 月
设备／参数
Olympus OM–D E–M1，Olympus 8 mm 鱼眼
镜头，Nauticam NA–EM1 防水壳，两个 Sea
& Sea YS–D2 闪光灯
（f/3.5, 1/100s, ISO320）

⩔噬人鲨
GREAT WHITE SHARK
Carcharodon carcharias
一条噬人鲨在近水面处游动，被一群小鱼包围。
克里斯蒂安·维兹莱（Christian Vizl）

地点
瓜达卢佩岛，墨西哥（Guadalupe Island, Mexico）
时间
2012 年 10 月
设备／参数
Canon EOS 5D Mark II，Canon 15 mm 镜头
（f/8, 1/160s, ISO100）

⩔大青鲨
BLUE SHARK
Prionace glauca
在穿透海面的阳光的照射下，这条大青鲨修长
的体形和舒展的胸鳍分外突出。
斯科特·波尔泰利（Scott Portelli）

地点
亚速尔群岛，葡萄牙（Azores, Portugal）
时间
2012 年 6 月
设备／参数
Canon 5D Mark III, 16—35 mm 镜头
（f/8, 1/200s, ISO250）

⤸镰状真鲨
SILKY SHARK
Carcharhinus falciformis

镰状真鲨只是到访这片遥远群岛的众多远洋鲨鱼中的一种。

克里斯蒂安·维兹莱（Christian Vizl）

地点

雷维亚希赫多群岛，墨西哥（Revillagigedo Islands, Mexico）

时间

2016 年 12 月

设备 / 参数

Canon EOS 5D Mark II，Canon16—35 mm 镜头（f/5.6, 1/160s, ISO400）

《埃氏宽瓣鲨
PUFFADDER SHYSHARK
Haploblepharus edwardsii
埃氏宽瓣鲨是一种生活在南非开普敦附近温带水域的猫鲨。
杰拉尔德·诺瓦克（Gerald Nowak）

地点
开普敦，南非（Cape Town, South Africa）
时间
2015 年 3 月
设备 / 参数
Nikon D800，Sigma 12—24 mm 镜头，Seacam 防水壳，两个 Seacam 闪光灯
（f/9, 1/100s, ISO320）

》锥齿鲨 SAND TIGER SHARK, *Carcharias taurus*

鱼岩洞宝藏

鱼岩洞（Fish Rock）位于澳大利亚新南威尔士的海岸，这里蕴藏着丰富的地理和生物资源，也是潜点的一部分。从水深约 25 米处的入口进入后，穿过一个 125 米长的洞穴，就会进入一个水深 12 米的、大教堂般的空间。有时，当地的锥齿鲨会在白天游到这里。

我在鱼岩洞的岩壁处静静地守候着，不一会儿，约 30 条鲨鱼靠近岩壁，于是，我拍下了这张照片。这些鲨鱼在夜间以小鱼为食，一般不会威胁潜水者的安全。在东澳大利亚，这种鲨鱼已经极度濒危。它们会季节性地沿着海岸上下游动，但几乎全年都会在鱼岩洞出现。令人心痛的是，在这个鲨鱼聚集地，捕鲨行为仍是合法的，这里的很多鲨鱼嘴上都挂着鱼钩。

理查德·史密斯（Richard Smith）

《 **黑边鳍真鲨**
OCEANIC BLACKTIP SHARK
Carcharhinus limbatus
在阿利瓦尔浅滩蓝绿色的海水中，几条鲫鱼追
随着一条黑边鳍真鲨。
塔尼娅·霍普曼（Tanya Houppermans）

地点
阿利瓦尔浅滩，南非（Aliwal Shoal, South Africa）
时间
2017 年 5 月
设备 / 参数
Olympus OM–D E–M1，Olympus 8 mm 鱼眼镜
头，Nauticam NA–EM1 防水壳，两个 Sea &
Sea YS–D2 闪光灯
（f/16, 1/320s, ISO320）

≫地点
新南威尔士，澳大利亚（New South Wales,
Australia）
时间
2010 年 2 月
设备 / 参数
Nikon D2Xs，12—24 mm 镜头，Subal 防水壳，
两个 Sea & Sea YS–120 闪光灯
（f/5.6, 1/125s, ISO100）

《 **短吻柠檬鲨**
LEMON SHARKS
Negaprion brevirostris
日落之后，我在暗沉的水下拍到一对短吻柠檬鲨。
阿图罗·特勒·蒂曼（Arturo Telle Thiemann）

地点
巴哈马（Bahamas）
时间
2017 年 2 月
设备／参数
Canon EOS 5D Mark III，8—15 mm 鱼眼镜头，Subal 防水壳，Subtronic Pro 270 闪光灯，两个 Sea & Sea YS-D1 闪光灯（f/22，1/85s，ISO1250）

≪ **白边鳍真鲨**
SILVERTIP SHARK
Carcharhinus albimarginatus
这条白边鳍真鲨向我游来，我终于拍到一张它在"微笑"的照片。
王觐程（Aaron Wong）

地点
贝卡潟湖，斐济（Beqa Lagoon, Fiji）
时间
2013 年 9 月
设备／参数
Nikon D3，16mm 镜头，Seacam 防水壳，两个 Sea & Sea YS-250 闪光灯
（f/10, 1/250s, ISO200）

≫ **黑边鳍真鲨**
OCEANIC BLACKTIP SHARK
Carcharhinus limbatus
这张照片拍摄于阿利瓦尔浅滩的一次黄昏潜。这种鲨鱼也被称为远洋黑鳍鲨。
格雷格·勒克尔（Greg Lecoeur）

地点
阿利瓦尔浅滩，南非（Aliwal Shoal, South Africa）
时间
2015 年 6 月
设备／参数
Nikon D7000，10—17 mm 镜头
（f/9, 1/200s, ISO160）

污翅真鲨
BLACKTIP REEF SHARKS
Carcharhinus melanopterus
一对污翅真鲨亲密地相伴同游。
格雷格·勒克尔（Greg Lecoeur）

地点
莫雷阿岛，法属波利尼西亚（Mo'orea, French
Polynesia）
时间
2015 年 10 月
设备 / 参数
Nikon D7200，10—17 mm 镜头
（f/9, 1/250s, ISO100）

≫ **锥齿鲨**

SAND TIGER SHARK

Carcharias taurus

一条锥齿鲨穿过由数百万条小诱饵鱼组成的
"隧道"。

塔尼娅·霍普曼（Tanya Houppermans）

地点

北卡罗来纳，美国（North Carolina, USA）

时间

2017 年 7 月

设备／参数

Olympus OM-D E-M1, Olympus 8 mm 鱼眼镜
头, Nauticam NA-EM1 防水壳，两个 i-Divesite
Symbiosis SS-2 闪光灯

（f/4, 1/320s, ISO320）

≫ **锥齿鲨**

SAND TIGER SHARK

Carcharias taurus

我用仰角拍摄的方式拍到这条锥齿鲨被无数条
小诱饵鱼包围的样子。

塔尼娅·霍普曼（Tanya Houppermans）

地点

北卡罗来纳，美国（North Carolina, USA）

时间

2017 年 7 月

设备／参数

Olympus OM-D E-M1, Olympus 8 mm 鱼眼镜
头, Nauticam NA-EM1 防水壳，两个 i-Divesite
Symbiosis SS-2 闪光灯

（f/3.5, 1/250s, ISO320）

产品亮点

索尼 RX100M5 高性能黑卡相机与索尼的 MPK-URX100A 防水壳，构成一个强大的水下摄影系统，可随时用来拍摄与海洋相关的任何主题，从微小的珊瑚礁寄居者到大型远洋生物（比如鲨鱼和鲸鱼），不一而足。

深海巨人

　　每年，座头鲸都会离开它们在南极的觅食地，到汤加的温暖水域交配、分娩，这是因为新生的幼鲸没有足够的脂肪来抵御地球最南端水域的严寒。我们都希望拍摄时海水平静、天空晴朗。但是 8 月~10 月的海上天气难以预测，我们用了很多天的时间等待，并与汹涌的海水和可怕的雷暴对抗。最终，乌云散去，阳光泻下。经过好几个小时的搜寻，向导喊道："鲸鱼！走，走，走！"我立刻跳入水中。潜入水中的一刹那，我就看到 6 条鲸鱼在海水深处向我问好。

　　一切都来的那么突然，其中一个大家伙开始向水面喷水。试着想象 40 吨重的鲸鱼突然出现在你面前的画面，我相信无论是谁都将永生难忘。

莫莉·李（Molly Li）

地点
瓦瓦乌，汤加（Vava'u, Tonga）
时间
2017 年 8 月
设备 / 参数
Sony RX100M5，Sony MPK-URX100A 防水壳
（f/2.8, 1/640s, ISO500）

2019 ADEX 亚洲潜水展
暨上海海洋嘉年华

　　2019 ADEX 亚洲潜水展暨上海海洋嘉年华与 2019 上海体育用品博览会（ISPO Shanghai）同期举办。ISPO Shanghai 是一个多元的夏季贸易展，为中国体育产业提供创新、营销、互动与交流的平台。此次展会邀请了体育行业内的意见领袖和备受尊敬的专家，让他们参与体育产业及其他相关领域的讨论。展会召集了健身、跑步、户外、滑雪、水上运动和潜水六大主要产业的国内外品牌，展示了国内外体育市场的发展情况。

■ 第一天

　　2019 ADEX 亚洲潜水展暨上海海洋嘉年华于 2019 年 7 月 5 日在上海新国际博览中心开幕。本次展会集结了潜水行业的支柱品牌，向参展的专业潜水员和潜水爱好者展示了潜水这项有趣的运动。

　　海洋嘉年华的主要看点是潜水团队和美人鱼团队的现场互动表演。参展商包括 PADI（国际专业潜水教练协会）、SSI（国际水肺潜水学校）、SDI TDI ERDI（国际水肺潜水、国际技术潜水及国际紧急反应潜水）、DAN WORLD（潜水员警示网）、7 LOB Inc（7 洛博公司）、Infiniti Liveaboard（英菲尼迪船宿公司）、Mola Mola Liveaboard（莫拉莫拉船宿公司）、RAJA AMPAT–Meridian Adventure Dive Resort（四王群岛潜水度假村）、Sea Safari Cruises（海洋探险之旅）、泰国 Whale Liveaboard（鲸鲨船宿公司）、AKUNA GEARS（阿卡纳）、Cetma Composites（赛特玛责任有限公司）、Leaderfins（统帅脚蹼）、PROBLUE（蓝鲸国际）、Divestar（潜星）东莞 SVS 体育用品有限公司和 MC Bunaken（MC 布纳肯）潜水度假村。此次展会邀请了一些特别指定的参展商和演讲者，旨在联合有抱负的潜水员、激励行业伙伴共同拓展潜水版图。

第二天

第二天一开始，参展商进行了热情而友好的互动。当天不仅有 PADI 的现场互动潜水秀、奥林匹克泳池中美人鱼的优雅演出，还有水舞台上国内外行业意见领袖带来的精彩演讲。

在水舞台上，水下摄影师詹姆斯·朱（James Zhu）与观众分享了他拍摄的美丽的水下摄影作品，并解释了每件作品背后隐藏的故事及内涵。来自 AKUANA 的演讲人王远（Wang Yuan）分享了水下军事战略的历史，讲述了各国水下英雄的悲惨和传奇的故事、各国的水下防御战术的趋势，以及训练和物资供应上存在的问题。我们也听到了来自 Cetma Composites 的安德烈亚·萨洛米（Andrea Salomi）的演讲，他是最早采用创新材料和最新技术设计出高科技脚蹼的工程师之一。另外，来自 SDI TDI ERDI 的雷蒙德·陈（Raymond Chan）分享了他在沉船附近探险的经历，并给出了一些关于沉船潜水的建议，包括潜水的最佳时机、理想的天气和所需的设备，同时他还列举了他心目中的十大沉船潜点。

第三天

最后一天，展会的知识共享平台——水舞台很荣幸地邀请到了 WUD（白鳍鲨水下探索）的潜水教练金雪峰（Cyril Jin Xuefeng），她分享了各大顶级洞穴潜点和海外探险前要做的准备——时间、预算、门票、各种设备等。她还提及了一些技术问题，例如用于深潜的气瓶保障问题、潜水箱压缩标准的差异，以及不同潜水深度不同成分的气体的使用问题。之后，来自 PADI 的代表介绍了该组织的成长历程和该组织设在四大地区的"海洋之家"潜水中心，并在演讲结束前播放了有关 PADI 的教育和保护工作的有趣短片。

2019 ADEX 亚洲潜水展暨上海海洋嘉年华取得了圆满成功，激发了广大观众对各种潜水，如休闲潜水、技术潜水、自由潜水的浓厚兴趣，普及了水下摄影和摄像知识，组织了最受大众欢迎的美人鱼表演。潜水展主办方向参展商表达了诚挚的谢意。

2019 ADEX
亚洲潜水展暨北京海洋嘉年华

2019 ADEX 亚洲潜水展暨北京海洋嘉年华通过开展"ADEX GIVES BACK"活动履行社会责任,将慈善拍卖晚宴筹得的款项及部分门票收益捐给中国留守儿童。

ADEX 亚洲潜水展 15 年前首次在北京亮相,今年是第 9 次在北京举办。7 月 12 日—14 日,此次展会与复兴创展和国叶文化合作,在北京中国国际展览中心举办。

以"为了无塑料的未来海洋"为主题的 ADEX 不仅仅是一个潜水展。不同年龄段的观众可以体验不同的活动,如以海洋为主题的摄影艺术展、儿童活动、环保论坛、图书节、电影、技术潜水演讲、美人鱼潜水、潜水体验等等。此次 ADEX 还邀请了世界各地的潜水专家、水下摄影师、潜水记录保持者、环保主义者、教授等知名人士。

为感谢 ADEX 对菲律宾旅游促进委员会做出的贡献,在 7 月 11 日的"菲律宾交流之夜",菲律宾旅游局北京办事处的旅游专员托马斯托·G.乌马利(Tomasito G. Umali)先生向 ADEX 首席执行官约翰·赛特(John Thet)先生颁发了奖牌。

7 月 12 日,出席 ADEX 亚洲潜水展暨北京海洋嘉年华开幕剪彩仪式的有:菲律宾驻中国大使馆一秘、领事温斯顿·迪恩·阿尔梅达(Winston Dean Almeda)先生,菲律宾旅游局北京办事处旅游专员托马斯托·G.乌马利(Tomasito G. Umali)先生,复兴创展首席执行官林凡先生,ADEX 亚洲潜水展暨北京海洋嘉年华策展人孟薇女士,ADEX 首席执行官、Underwater360 创始人、亚洲地理杂志创办人、HDSA(亚洲历史潜水社区)创始人、MPAS(新加坡媒体出版商联合会)主席约翰·赛特(John Thet)先生,ADEX 海洋大使和 ADEX 青年海洋大使,ADEX 环保与教育大使及演讲嘉宾,ADEX 技术潜水演讲嘉宾,ADEX 自由潜水演讲嘉宾,ADEX 摄影摄像演讲嘉宾,ADEX 美人鱼大使,以及带来了 20 名中国留守儿童的北京众安公益基金会。

第一天

研讨会

潜水安全研讨会由 ADEX 首席执行官约翰·赛特（John Thet）主持。研讨会成员包括 PADI 大中华区总裁楼彦、水肺潜水吉尼斯世界纪录（-332.35 米）保持者艾哈迈德·加贝尔（Ahmed Gabr）、SSI 国际销售与营销副总裁琼·克劳德·莫纳基诺（Jean Claude Monachon）以及龙缘潜水集团创始人王艺锟。研讨会研讨了潜水者如何降低潜水风险问题，并号召潜水者选择符合潜水安全标准的潜水组织。

自由潜水研讨会由 ADEX 自由潜水大使黎达主持。参与讨论的有 ADEX 自由潜水大使王奥林、专业自由潜水员刘鼎峰（Potti Lau）和杨莉。观众们通过讨论了解了潜水员的训练内容、日常生活、遭遇的危险和克服的困难，还一睹了他们年轻时的风采。

开幕式

2019 ADEX 亚洲潜水展暨北京海洋嘉年华聚集了一大批中国专业潜水员与非专业潜水者，在中国国际展览中心举行了开幕式。在开幕式上，菲律宾旅游促进委员会带来了一场文化交流表演，热情迎接来自中国的留守儿童。

在场的各位见证了《亚洲潜水者：微距世界》与《澳亚潜水者：鲨鱼狂欢》里程碑式的发展：亚洲地理杂志有限公司的约翰·赛特（John Thet）先生与北京科学技术出版社总经理章健先生确定建立战略合作伙伴关系。

之后几天的活动出席者包括国内外潜水行业演讲嘉宾和意见领袖，以及各界名人：ADEX 海洋公益大使经超，ADEX 中国海洋大使、影视演员梅婷，ADEX 海洋公益大使、影视演员谭凯，ADEX 大使靳涛，ADEX 中国海洋环保大使安娜伊思·马田等。

ADEX 北京海洋嘉年华慈善晚宴

ADEX 北京海洋嘉年华慈善晚宴于 7 月 12 日晚在北京希尔顿酒店天元宫举行，由敖缦云和靳涛主持，200 多位贵宾、参展商代表和演讲嘉宾受邀到场。

晚会的亮点包括：ADEX 首席执行官约翰·赛特（John Thet）先生、ADEX 海洋公民大使曾志伟先生以及复兴创展首席执行官林凡先生在舞台上敬酒；乌克兰著名首席小提琴手欧丽雅（Vedmedenko Olha）带来精彩的小提琴表演；由 ADEX 亚洲潜水展暨北京海洋嘉年华策展人孟薇女士邀请到的留守儿童演唱歌曲《阿杰露（Ajelu）》；北京市众安公益基金会向亚洲地理杂志有限公司颁发慈善爱心企业认证书；向为潜水行业做出贡献

亚洲潜水者与澳亚潜水者(中文版)
THE LAUNCH OF ASIAN DIVER AND SCUBA DIVER IN MANDARIN

战略合作签
JOHN THET 先生 - ADEX 亚洲潜水
与章健先生-北京科学技术出

ADEX 亚洲潜水展自由潜水大使和演讲嘉宾
ADEX PHOTOGRAPHY AND VIDEOGRAPHY SPEAKERS

的优秀品牌颁奖；进行激动人心的幸运抽奖，大奖为由 We Connect Group（潜水联合小组）赞助的超过 20,000 美元的 11 天 10 夜非洲野生动物园和印度洋之旅。

慈善晚宴的拍卖品包括铭冠国际美术教育机构的孩子们现场创作的 3.25 米 ×1.2 米的画、海洋垃圾艺术家卡琳达瓦（Kalindava）捐赠的价值 5,500 元的 Terrapene（钛而宾）背心，Indo Aggressor（印度侵略者号）和 Ombak Biru（蓝色海洋号）捐赠的价值 30,000 元的船宿之旅，价值 12,800 元的限量版 XDeep（X 迪普）背包，以及朱冠成（Zhu Guancheng）捐赠的油画和珍珠鲸鱼胸针。2019 ADEX 北京海洋嘉年华与北京市众安公益基金会联合，向留守儿童基金会捐赠慈善晚宴拍卖款 84,000 元。中国非政府组织水滴公益也为留守儿童基金会筹得善款 381,485 元。留守儿童结束北京之旅去了海边，终于实现了看海的愿望。

第二天

任命 ADEX 中国青年海洋大使

王兴（Wang Xing）和刘佳鑫（Liu JiaXin）被任命为首届 ADEX 中国青年海洋大使。从北京大学选拔出的学生在主舞台上与观众分享了各自对海洋环保的见解。现场评选出的表现优秀的学生获得了价值 6,888 元的 SDI TDI ERDI 的潜水课程、价值 6,200 元的 CERTINA DS-Action（雪铁纳 DS- 行动）潜水员手表、价值 5,350 元的 CERTINA PH200M（雪铁纳 PH200M）传统手表，

以及价值 4,670 元的 ADRECC(AD 保育中心)
单人 7 天 6 晚环保露营之旅。

水下摄影摄像研讨会

　　研讨会由 ADEX 宏观摄影大使陈为廉主
持，参与讨论的有 ADEX 摄影大使海人（Yorko
Summer）、ADEX 摄影大使孙萍、2019 ADEX
年度亚洲摄影师评委楠忘和克里斯蒂安·维兹
莱（Christian Vizl），以及 ADEX 摄影大使王觐
程（Aaron Wong）。讨论的主题包括水下摄影
涉及的伦理学、潜水员与海洋生物之间的互动
情况、过去和现在水下摄影的不同之处、水下
摄影的发展趋势，以及摄影师在不断变化的水
下摄影领域中应有的价值观。专业摄影师克里
斯蒂安·维兹莱（Christian Vizl）对此做了完
美的诠释："我们是潜水员，我们应该照顾海洋。
如果我们不行动，那么谁来做？我们必须用自
己的形象和行动为世界树立榜样。"

一次性塑料危机研讨会

　　一次性塑料危机研讨会在主舞台进行，由
环境保护博士、SSI 美人鱼教练克莱尔·李
（Claire Li）主持。讨论小组成员有北京大学
潜水协会主席陈榕（Chen Rong）、ADRECC
教育与保护主任莫妮卡·钦（Monica Chin）、
蜈支洲岛网络信息中心主任符苏彬（Fu
Subin）、印度尼西亚海洋垃圾艺术家卡琳达瓦
（Kalindava）和来自潜水俱乐部"潜爱"的摩
根（Morgan）。讨论的主题包括关于减少使用
一次性塑料的倡议等。例如，在上海推行的垃
圾分类回收、个人在日常生活中识别和合理使
用一次性塑料制品的方法，以及在中国和其他
国家推行的一次性塑料制品的替代品。

ADEX 北京海洋嘉年华每日幸运抽奖

　　每日幸运抽奖在主舞台进行，惊喜大奖层
出不穷。

ADEX 北京海洋嘉年华美人鱼嘉年华

　　美人鱼嘉年华于 7 月 13 日晚在北京
SUPERLIFE（菲乐思菲集团）健身会所举行。
这是一个夏季泳池派对，聚集了众多志趣相投
的人，包括专业潜水员、潜水爱好者及 ADEX
的参展商代表。当晚，大家欣赏了 DJ 沈岳和
DJ 达西（Darcy）的现场音乐秀和美人鱼表演，
观赏了引人入胜的泳池，品尝了可口的饮品。

第三天

美人鱼潜水研讨会

美人鱼潜水研讨会在多功能舞台举行，由复兴创展的国际事务总监简·克恩（Jan Kern）主持，参加研讨会的有 ADEX 美人鱼大使（中国）何灏浩、美人鱼刘兰、美人鱼美琳·莫伊都（Merliah Moidu）、来自 MFI（国际人鱼联盟）的林育泉（Alan Lam）、美人鱼姚兰和 SSI 美人鱼课程主任科琳娜·戴维斯（Corinna Davids）。

科技潜水研讨会

科技潜水研讨会由经验丰富的技术潜水员谭晓龙主持。参与研讨的成员有水肺潜水吉尼斯世界纪录（−332.35 米）保持者艾哈迈德·加贝尔（Ahmed Gabr）、来自 SDI 和 TDI 的雷蒙德·陈（Raymond Chan）、海事历史学家史蒂文·施万克（Steven Schwankert）、来自 RAID（国际循环呼吸潜水协会）的姚秉钧（Edmund Yiu）、来自 GUE（全球水下探险家协会）的吉迪翁（Gideon Liew），以及来自 Philtech（菲路泰克）的亚历克斯·桑托斯（Alex Santos）。他们分享了最新技术，讲述了在各种数码产品问世前他们如何进行技术潜水的有趣故事，讨论了潜水安全问题，分享了个人在世界各地的经历。研讨会结束前进行了互动问答，针对观众的提问，6 位经验丰富的研讨会嘉宾分别给出了各自的建议，在场观众受益匪浅。

水肺潜水吉尼斯世界纪录保持者艾哈迈德·加贝尔（Ahmed Gabr），分享了他破纪录潜水（2014 年于红海）前所做的准备及潜水过程中的经验。为了保护海洋环境，他成立了一个组织，并动员 614 名潜水者开展了世界上规模最大的水下清理工作。作为技术潜水教练培训师，他有 20 多年的运动和军事潜水经验；作为前特种部队军官，他系统学习了美国作战潜水员课程，在 1996 年成为一名专业潜水教练后不久就一头扎进了技术潜水的世界。

ADEX 自由潜水大使、自由潜水运动员王奥林在主舞台讲了他在潜水时的感受、他受过的伤，以及为了安全而愉悦地潜水需做的心理准备。2015 年，他创办了

"界拓自由潜水学院"。同年，他代表中国参加自由潜水世界锦标赛，并在三个不同项目中打破了国家记录。王奥林也是中国 AIDA（国际自由潜水发展协会）的主席。

2019 年度亚洲摄影大赛（现场评选）

2019 ADEX 北京海洋嘉年华的最后一天，首届 World Shootout（水摄世界）/ ADEX 2019 年度亚洲摄影

大赛现场评选环节在主舞台拉开帷幕，旨在评选出亚洲最佳水下摄影照片。

评审团由国内外知名评委组成，成员包括王觐程（Aaron Wong）、克里斯蒂安·维兹莱（Christian Vizl）、小芸豆、楠忘、海人（Yorko Summer）和岳鸿军。

获胜者和最终入围者参见第 122~123 页。

晚宴

ADEX 贵宾晚宴于 7 月 14 日晚在北京东城区前门大街 2 号一层 107 酒街串巷（CHUAN'er Bar）举行。感谢酒街串巷餐厅连续两年为 ADEX 赞助举办了轻松愉悦的告别晚宴。出席晚宴的贵宾有 ADEX 摄影大使海人（Yorko Summer）、2019 年度亚洲摄影大赛评委克里斯蒂安·维兹莱（Christian Vizl）、ADEX 美人鱼大使何灏浩、吉尼斯世界纪录保持者艾哈迈德·加贝尔（Ahmed Gabr），以及敖缦云、林宗翰、刘兰、卡琳达瓦（Kalindava）、谭晓龙等。

ADEX
2019 亚洲年度摄影师
获奖者和入围者

2019 年 7 月 14 日，"World Shootout / ADEX 2019 年度亚洲摄影师"水下摄影大赛获奖名单在 2019 ADEX 北京海洋嘉年华揭晓！由 World Shootout 和 ADEX 主办的首届摄影比赛收到了来自东南亚、中国、印度、马尔代夫、中东等国家和地区的数百件参赛作品。现场评选环节在 ADEX 北京海洋嘉年华主舞台进行，评审团由本地及国际成员组成，包括王觐程（Aaron Wong）、克里斯蒂安·维兹莱（Christian Vizl）、小芸豆、楠忘、海人（Yorko Summer）及岳鸿军。接下来，我们将为你呈现"年度网络票选最高的照片"的前五件作品。

2019
亚洲年度
摄影师

蔡送达 | 中国

获得价值约 15,000 美元的奖品
· 仙女座奖杯
· SEACAM（思卡）相机防水壳
（价值 69,000 元）
· 10 晚科莫多国家公园行程
（价值 29,300 元）

奖品提供

前五名入围者
每人均获得 4 天 3 晚 Summer Bay Resort Dive &Stay（夏日海湾度假村潜水和度假）行程
（单人行程价值 5,300 元）

2019 亚洲年度摄影师

2019年度网络票选最高的照片（前5）

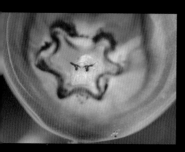

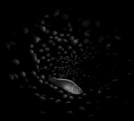

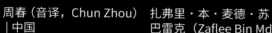

周春（音译，Chun Zhou）| 中国

扎弗里·本·麦德·苏巴雷克（Zaflee Bin Md Suibarek）| 马来西亚

刘邦荣（Pong Wing Atim Lau）| 中国香港

严文志（音译，Yen Wen Chih）| 中国台湾

2019 年 7 月 1 日至 11 日举行了网络投票大赛，由当地和国际评委组成的评审团在线评选出前五名获奖者。

2019 年 7 月 14 日，在 ADEX 北京海洋嘉年华上，"2019 年度网络票选最高的照片"在现场评选环节结束后揭晓。World Shootout 制片人大卫·皮洛索夫（David Pilosof）在现场为"网络票选最高"的获胜者——来自印度尼西亚的伊莱安·迪普（Elianne Dipp）女士颁发了一张 500 美元的支票。

伊莱安·迪普（Elianne Dipp）| 印度尼西亚

2020 北京站
ADEX BEIJING OCEAN FESTIVAL
亚洲潜水展暨海洋嘉年华
2020年7月3日—5日
CHINA INTERNATIONAL
EXHIBITION CENTER
中国国际展览中心

2020 孟买潜水展
ADEX INDIA OCEAN FESTIVAL
महासागर महोत्सव
2020年10月16日—18日
BOMBAY EXHIBITION CENTER
孟买展览中心

主办方
underwater 360

创夜展览

GUOYE CULTURE

协办方

主办方
underwater 360 International

highrise Maldives & Sri Lanka

Events India

摄影：舒特尔·斯托克（Shutter Stock）

SINGAPORE TOURISM AWARDS
BEST EXHIBITION ORGANISER 2017

mpas
CONFERENCE/ EXHIBITION OF THE YEAR 2015

mpas
EVENT/PARTY OF THE YEAR 2015 (MERIT)

mpas
EXHIBITION OF THE YEAR 2017 (GOLD)

mpas
EXHIBITION OF THE YEAR 2018 (SILVER)

克里斯蒂娜·泽纳托 (Cristina Zenato) 是一位著名的自然保护主义者，她以说“鲨语”的天赋闻名。
阿曼达·科顿（Amanda Cotton）